FORSCHUNGSBERICHTE DES LANDES NORDRHEIN-WESTFALEN

Nr. 1784

Herausgegeben

im Auftrage des Ministerpräsidenten Heinz Kühn

von Staatssekretär Professor Dr. h. c. Dr. E. h. Leo Brandt

Prof. Dr.-Ing. Dr. h. c. Herwart Opitz
Dr.-Ing. Dietrich Günther
Dipl.-Ing. Heinrich Kunkel
Dipl.-Ing. Martin Hoffmann
Dipl.-Ing. Reinhard Böttcher

Laboratorium für Werkzeugmaschinen und Betriebslehre
der Rhein.-Westf. Techn. Hochschule Aachen

Untersuchung der Steifigkeit von Lagern für Hauptspindeln in Werkzeugmaschinen

Springer Fachmedien Wiesbaden GmbH

ISBN 978-3-663-06459-6 ISBN 978-3-663-07372-7 (eBook)
DOI 10.1007/978-3-663-07372-7

Verlags-Nr. 011784

Ursprünglich erschienen bei Westdeutscher Verlag, Köln und Opladen 1967.

Inhalt

Verwendete Kurzzeichen

(Kapitel 2 und 3):

a	Kraglänge	mm
b	Lagerabstand	mm
c	Lagersteifigkeit	kp/µm
d_L	Laufbahndurchmesser am Innenring	mm
f	Frequenz	Hz
i	Anzahl der Wälzkörperreihen	
k	Lagerdämpfungskonstante bei viskoser Dämpfung	kps/mm
l_w	Wälzkörperlänge	mm
n	Drehzahl	min^{-1}
s_r	Radialspiel, Montagespiel	µm
s_{r_B}	Betriebsspiel	µm
t	Zeit	min
u	Halbmesservergrößerung	µm
w	Wanddickendifferenz	µm
$\tilde{y}$	Schwingungsamplitude am Werkstück unter Wechsellast	µm
y	Verlagerung am Werkstück unter statischer Last	µm
y_L	Lageranteil	µm
y_{sp}	Spindelanteil	µm
z	Wälzkörperzahl	
C_L	Lagerkonstante	
C	Systemsteifigkeit	kp/µm
D	Dämpfungsmaß	
D_0	Bezugsdurchmesser	mm
D_L	Laufbahndurchmesser am Außenring	mm
E	Elastizitätsmodul	kp/mm^2
F_k	Kreisformfehler, bezogen auf den Durchmesser	µm
K	Lastverteilungszahl	
P_0	Scheitelrollenlast	kp
P_r	Radiallast	kp
P_v	Vorspannkraft	kp
Q	Wälzkörperbelastung	kp
T	Temperatur	°C
α	Wärmeausdehnungskoeffizient	$\frac{\mu m}{m \cdot °C}$
δ_0	Verformung der Scheitelrolle	µm
δ_r	Lagerfederung (radial)	µm

δ_v	Rollenverformung infolge Vorspannung	µm
Δ	Schrumpf-Übermaß	µm
ε	Dehnung	
γ	Teilungswinkel	Grad
ν	Querkontraktion	

Verwendete Kurzzeichen für hydrostatische Lager (Kapitel 4):

b	Abströmbreite	cm
c	Lagersteifigkeit	kp · µm^{-1}
D	Lagerdurchmesser	cm
e	Exzentrizität	cm, µm
F	Fläche	cm^2
F_{eff}	effektive Tragfläche	cm^2
h	Spalthöhe	cm, µm
l	Abströmlänge	cm
L	Lagerlänge	cm
L_{eff}	effektive Lagerlänge	cm
N	Leistung	cm · kp · s^{-1}, kW
p	Druck	kp · cm^{-2}
$\bar{p}$	mittlerer Lagerdruck	kp · cm^{-2}
P	Kraft, Belastung	kp
Q	Ölmenge	cm^3 · s^{-1}
r	Lagerradius	cm
R	hydraulischer Widerstand	kp · s · cm^{-5}
x	Verlagerung	µm
z	Taschenzahl	
η	dynamische Viskosität	kp · s · cm^{-2}
$\varkappa$	Widerstandsverhältnis	$\frac{R_{a_0}}{R_{u_0}} = \frac{l_a \cdot b_u}{l_u \cdot b_a}$
ξ	Drosselverhältnis	$\frac{R_K}{R_{T_0}}$
φ	Winkel zur Senkrechten im Lager	
χ	relative Exzentrizität	$\frac{e}{h_0}$

Indices betreffend:

a	axiale Abströmung
K	Kapillare
P	Pumpe
T	Tasche
u	Umfangsströmung
0	unbelasteter Zustand

1. Einleitung

Zur Erzielung einer hohen Arbeitsgenauigkeit an der Maschine ist es notwendig, daß die Abweichungen von der geforderten Relativbewegung zwischen Werkstück und Werkzeug möglichst klein gehalten werden. Das bedeutet, daß unter der Einwirkung statischer oder dynamischer Kräfte keine unzulässig hohen Verformungen an den einzelnen Elementen im Kraftfluß der Maschine auftreten dürfen. Im besonderen Maße gilt diese Forderung für das System Spindel-Lagerung, das unmittelbar die mit dem Zerspanungsprozeß verbundenen Kräfte aufnehmen muß und damit in erster Linie für das Arbeitsergebnis an der Maschine verantwortlich ist.

2. Einfluß der Lagersteifigkeit auf das statische und dynamische Verhalten eines Systems Spindel-Lagerung

Betrachtet man die Verlagerungen, welche an einer Werkzeugmaschinenspindel infolge von Schnittkräften auftreten, so lassen sich zwei Verlagerungsanteile unterscheiden. Die Gesamtverlagerung an der Spindelnase (bzw. am Werkstück) setzt sich zusammen aus dem Anteil y_{sp} infolge der Spindeldurchbiegung und dem Anteil y_L, welcher durch die Nachgiebigkeit der Lager bedingt ist. Die Beziehungen zur Ermittlung dieser beiden Anteile am auskragenden Kraftangriffspunkt, bezogen auf die Belastung P, lauten für die zweifach gelagerte Spindel:

Spindelanteil:

$$\frac{y_{sp}}{P} = \frac{b \cdot a^2}{3\,EJ}\left(1 + \frac{a}{b}\right) \tag{1}$$

Lageranteil:

$$\frac{y_L}{P} = \frac{a+b}{b \cdot c_V}\left(1 + \frac{a^2}{(a+b)\cdot b} \cdot \frac{c_V}{c_H} + \frac{a}{b}\right) \tag{2}$$

Hierin bedeuten:

a = Kraglänge
b = Lagerabstand
I = Trägheitsmoment der Spindel
E = Elastizitätsmodul
c_V = Steifigkeit des vorderen Lagers
c_H = Steifigkeit des hinteren Lagers

Der Quotient $\frac{y}{P}$ wird als Nachgiebigkeit $\left(\frac{1}{C}\right)$ bezeichnet und stellt den Kehrwert der Steifigkeit dar. Wegen der »Reihenschaltung« des Spindel- und Lageranteiles gilt:

$$\frac{1}{C} = \frac{1}{c_{sp}} + \frac{1}{c_L} \tag{3}$$

Die Aussagen dieser Beziehung (3) werden an Hand eines Beispieles in Abb. 1 deutlich, in dem die Gesamtnachgiebigkeit $\left(\frac{1}{C}\right)$ und die einzelnen Nachgiebigkeitsanteile über der Steifigkeit des vorderen Lagers aufgetragen sind. Während die Spindelnachgiebigkeit in dieser Darstellung als konstanter Wert erscheint, zeigt der Lageranteil c_L einen hyperbolischen Abfall mit zunehmender Steifigkeit

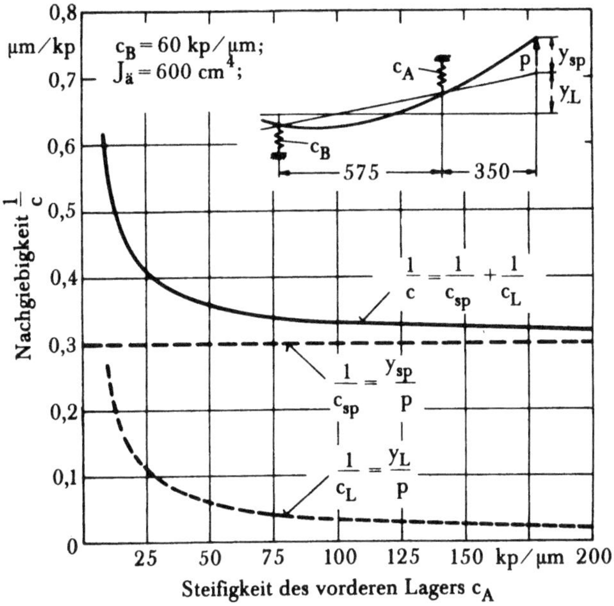

Abb. 1 Nachgiebigkeit des Systems mit Spindel- und Lageranteil in Abhängigkeit von der Steifigkeit des vorderen Lagers

des vorderen Lagers. Man erkennt am Verlauf der Gesamtnachgiebigkeit, daß im Bereich geringerer Lagersteifigkeiten (im vorliegenden Beispiel etwa $c_V < 100$ kp/µm) die Nachgiebigkeit bzw. Steifigkeit des Systems besonders stark von der Steifigkeit des vorderen Lagers beeinflußt wird. Mit zunehmender Lagersteifigkeit verringert sich dieser Einfluß. So ist eine wesentliche Verbesserung der Systemnachgiebigkeit allein durch Erhöhen der Steifigkeit des vorderen Lagers von einem bestimmten Steifigkeitswert an (im vorliegenden Beispiel etwa 100 kp/µm) nicht möglich. Je geringer die Spindelnachgiebigkeit ist, desto größer ist aber der Einfluß des vorderen Lagers. Das bedeutet andererseits, daß bei einer größeren Spindelsteifigkeit die Steifigkeit des vorderen Lagers, von der an das System kaum noch beeinflußt werden kann, sich zu einem größeren Wert verschiebt.

Aus diesen Ausführungen geht hervor, daß die Lagersteifigkeit, besonders im Bereich kleiner Lagersteifigkeiten, für das statische Verhalten des Systems von großer Bedeutung sein kann. Ähnliche Verhältnisse wie bei der zweifach gelagerten Spindel liegen auch bei mehrfach gelagerten Spindeln vor.

Die erreichbare Zerspanungsleistung an einer Werkzeugmaschine und das Arbeitsergebnis hinsichtlich Maß- und Formgenauigkeit der Werkstücke ist nicht nur vom statischen Verhalten sondern auch vom dynamischen Verhalten des Systems Spindel-Lagerung, das durch die Resonanzfrequenz des Systems, die Dämpfung am System und die Resonanzamplitude gekennzeichnet ist, abhängig. Insbesondere setzt auch die erzielbare Oberflächengüte des Werkstückes ein günstiges dynamisches Verhalten des Spindel-Lager-Systems voraus. Im folgenden wird an einem Beispiel gezeigt, welchen Einfluß die Steifigkeit des vorderen Lagers auf das dynamische Verhalten eines Spindel-Lager-Systems ausübt.

Die mit Hilfe eines Analog-Rechners gerechneten Resonanzkurven eines Zwei-Lager-Systems sind für verschiedene Steifigkeiten des vorderen Lagers c_3 in Abb. 2 dargestellt. Die (viskosen) Dämpfungskonstanten der Lager k_0 wurden dabei auf Grund von experimentell ermittelten Werten so gewählt, daß das System bei der Lagersteifigkeit des vorderen Lagers von $c_3 = 100$ kp/μm und des hinteren Lagers $c_8 = 60$ kp/μm eine Dämpfung (Dämpfungsmaß) von $D = 3 \cdot 10^{-2}$ hat. Das Dämpfungsmaß wird durch die Beziehung

$$D = \frac{\ln \dfrac{y_{01}}{y_{0n}}}{2\pi \cdot (n - 1)} \tag{4}$$

beschrieben. Für das gerechnete Beispiel wurden die Dämpfungskonstanten der beiden Lager k_0 in gleicher Größe angesetzt. Man erkennt in der Abbildung, daß der Einfluß der Lagersteifigkeit auf die Amplitude im unterkritischen Bereich (unterhalb der Resonanzfrequenz) anders ist, als im überkritischen Bereich. Bis zur jeweiligen Resonanzfrequenz ist die Schwingungsamplitude um so geringer, je höher die Lagersteifigkeit ist. Im Resonanzfall (Erregerfrequenz gleich Eigenfrequenz) und im überkritischen Bereich steigt die Amplitude mit größer werdender Lagersteifigkeit an.

Die Resonanzfrequenz eines Spindel-Lager-Systems zeigt in Abhängigkeit von der Steifigkeit des vorderen Lagers den gleichen qualitativen Verlauf wie die Steifigkeit des Systems. Während im Bereich geringer Lagersteifigkeiten die Beeinflussung der Resonanzfrequenz relativ groß ist, kann im Bereich höherer Lagersteifigkeiten die Resonanzfrequenz des Systems durch die Lager nicht mehr nennenswert ver-

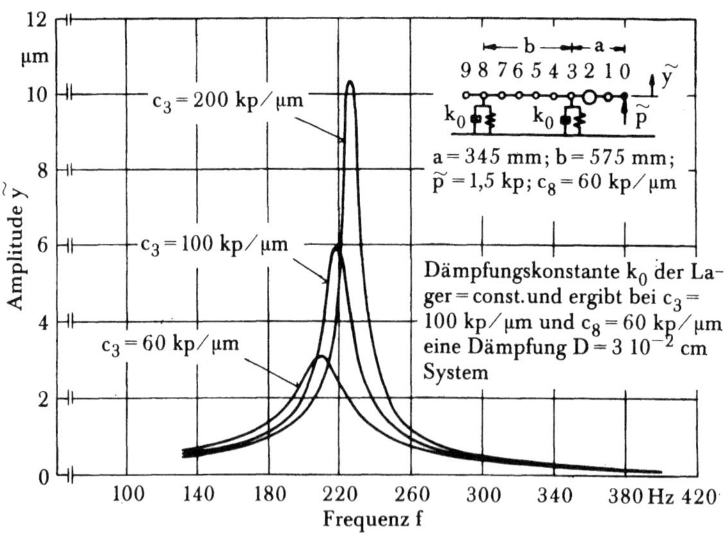

Abb. 2 Schwingungsamplitude in Abhängigkeit von der Frequenz

ändert werden. Analog zu dem Verlauf der statischen Steifigkeit mit der Spindelsteifigkeit als Asymptote, nähert sich mit größer werdender Lagersteifigkeit die Resonanzfrequenz des Systems der Eigenfrequenz der Spindel mit starren Auflagern.

Um den Einfluß der Lagersteifigkeit auf das dynamische Verhalten genauer zu untersuchen, wurden Dämpfung am System und Resonanzamplitude für verschiedene Lagerabstände in Abhängigkeit von der Lagersteifigkeit berechnet. (Da die Dämpfung an allen Stellen der Spindel gleich ist, wird sie als Dämpfung am System bezeichnet.) Die Rechenergebnisse sind in Abb. 3 dargestellt. Die Dämpfungskonstanten der Lager wurden, um ausschließlich den Zusammenhang zwischen Systemdämpfung, bzw. Resonanzamplitude und der Lagersteifigkeit zu ermitteln, konstant gehalten. Aus dem oberen Diagramm geht hervor, daß mit zunehmender Lagersteifigkeit die Systemdämpfung hyperbolisch abfällt. Bei den verschiedenen Lagerabständen zeigt sich im qualitativen Verlauf kein Unterschied, lediglich verschieben sich die Kurven mit kürzer werdendem Lagerabstand zu höheren Dämpfungswerten. Entsprechend den mit zunehmender Lagersteifigkeit abnehmenden Systemdämpfungen, steigen dabei die Resonanzamplituden an. Wie in dem unteren Diagramm zu erkennen ist, besteht zwischen Resonanzamplitude und Steifigkeit des vorderen Lagers ein nahezu linearer Zusammenhang. Dieser Anstieg der Resonanzamplitude mit größer werdender Lagersteifigkeit ist leicht zu erklären, wenn man bedenkt, daß die Dämpfung an einem Spindel-Lager-System in erster Linie von den Lagern bzw. den Dämpfungskonstanten der Lager bestimmt wird. Die Werkstoffdämpfung der Spindel ist gering. Mit steigender Lagersteifigkeit ($c_L \to \infty$) wird der Einfluß der Lagerdämpfung auf die Systemdämpfung geringer und im Grenzfall $c_L = \infty$ d. h. bei starren Auflagern, ist die Systemdämpfung gleich der Materialdämpfung der Spindel. Die Folge dieser dabei ausschließlich wirksamen geringen Werkstoffdämpfung sind sehr große Resonanzamplituden. Zwar steigt die Systemsteifigkeit bei Vergrößerung der Lagersteifigkeit ($c_L \to \infty$) an, die Erhöhung der Systemsteifigkeit ist aber, wie bereits erwähnt, durch die Spindelsteifigkeit begrenzt und somit auch eine Verringerung der Resonanzamplituden durch eine Lagersteifigkeitserhöhung. Im unteren Diagramm von Abb. 3 ist außerdem zu sehen, daß die Steigung der näherungsweise als Geraden anzusehenden Kurven $\tilde{y}_0 = f(c_3)$ mit kürzer werdendem Lagerabstand kleiner wird. Das bedeutet einen geringeren Einfluß der Lagersteifigkeit auf das dynamische Verhalten des Systems mit steigender Spindelsteifigkeit.

Die bisherigen Ausführungen haben gezeigt, daß sowohl das statische als auch das dynamische Verhalten des Spindel-Lager-Systems u. U. beträchtlich von der Steifigkeit der Lager bestimmt werden kann. Der Einfluß der Lagersteifigkeit auf das Systemverhalten ist dabei um so größer, je geringer die Spindelsteifigkeit ist. Es ist daher erforderlich, bereits bei der konstruktiven Gestaltung der Spindel die Steifigkeiten der verwendeten Lager zu berücksichtigen. Die Voraussetzung aber dafür ist, daß die Steifigkeiten der Lager bekannt sind oder berechnet werden können. Sowohl für Wälzlager als auch hydrostatische Lager sind bisher genaue Aussagen über ihre Steifigkeit, insbesondere unter den bei Spindellagerungen vorliegenden Bedingungen, nicht möglich. Es sollen daher im folgenden die Steifigkeiten dieser Lager untersucht und Nomogramme bzw. Beziehungen angegeben werden, mit deren Hilfe eine einfache Bestimmung der Lagersteifigkeiten mit ausreichender Genauigkeit möglich ist.

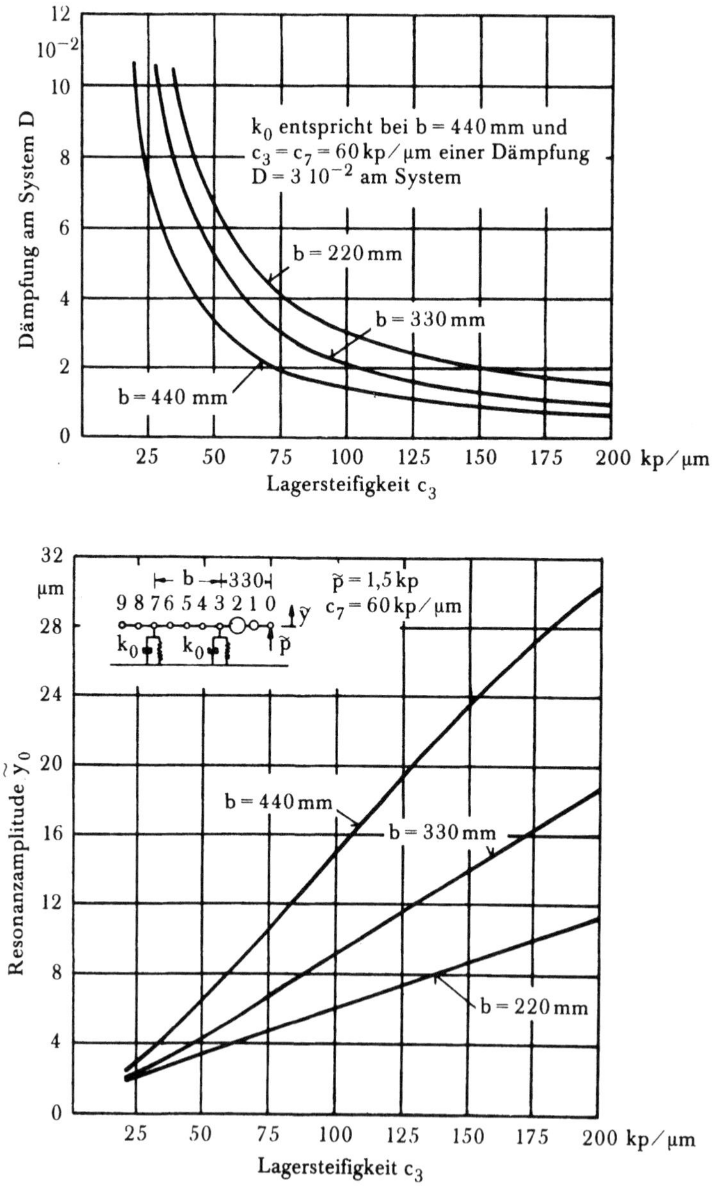

Abb. 3 Dämpfung am System und Resonanzamplitude in Abhängigkeit von der Steifigkeit des vorderen Lagers

3. Steifigkeit von zweireihigen Zylinderrollenlagern für Hauptspindellagerungen

Zur radialen Führung von Arbeitsspindeln werden in den weitaus meisten Fällen zweireihige Zylinderrollenlager verwendet. Die hier beschriebenen Untersuchungen beschränken sich deshalb auf Lager dieser Bauart.

3.1 Bekannte Berechnungsverfahren

In der Literatur findet man zahlreiche Verfahren zur Bestimmung des Federungsverhaltens von Wälzlagern unter Berücksichtigung steifer Umbauteile (diese Voraussetzung muß wegen der nicht selbsttragenden Lagerringe getroffen werden). Die Anwendungsmöglichkeiten der bekanntesten Verfahren sind in Tab. 1 zusammengestellt. Danach kann man zur Berechnung der Federung spielfreier Lager alle Verfahren heranziehen. Die Ermittlung der Federung von Lagern mit positivem Spiel ist nur nach BOCHMANN-MELDAU [1, 8] und RUMBARGER [11] möglich, während vorgespannte Lager sich auch noch nach SCHREIBER [12] berechnen lassen.

Tab. 1 Anwendungsmöglichkeiten der Berechnungsverfahren

Rechnung nach	spielfrei	Lager mit Spiel	mit Vorspannung
SCHREIBER	×		×
LUNDBERG-STRIBECK	×		
BOCHMANN-STRIBECK	×		
BOCHMANN-MELDAU	×	×	×
RUMBARGER	×	×	(×)

Um die verschiedenen Berechnungsarten hinsichtlich ihrer Ergebnisse miteinander vergleichen zu können, wurde die Federung eines Lagers NN 3016 K nach diesen Formeln berechnet. In dem Diagramm in Abb. 4 sind die einzelnen Federkennlinien einander gegenübergestellt. Man erkennt, daß sich die aus der Rechnung ergebenden Federungswerte für spielfreie Lager maximal wie 2:1 verhalten (LUNDBERG-STRIBECK, SCHREIBER). Für Lager mit Spiel ergaben sich naturgemäß infolge des kleineren tragenden Bogens höhere, für vorgespannte Lager auf Grund des größeren Bogens niedrigere Federungen als bei spielfreien Lagern. Die Kurven nach RUMBARGER für $s_r = 0\,\mu m$ und die nach BOCHMANN-MELDAU für $s_r = +5\,\mu m$ fallen zusammen. Nach SCHREIBER erhält man für Lager mit einem negativen

Radialspiel (Vorspannung) von 3 μm genau die Hälfte der bei spielfreien Lagern auftretenden Verformung, da die Laufbahnen bei diesem Vorspannwert gerade noch über dem ganzen Umfang belastet sind. Eine Erhöhung der Vorspannung über diesen Wert hinaus würde rechnerisch keine Verbesserung des Federungsverhaltens mehr bringen.

Auf Grund der in Abb. 4 gezeigten Abweichungen kann festgestellt werden, daß es bisher nicht möglich war, die Federung oder Steifigkeit der zweireihigen Zylinderrollenlager mit ausreichender Genauigkeit zu berechnen.

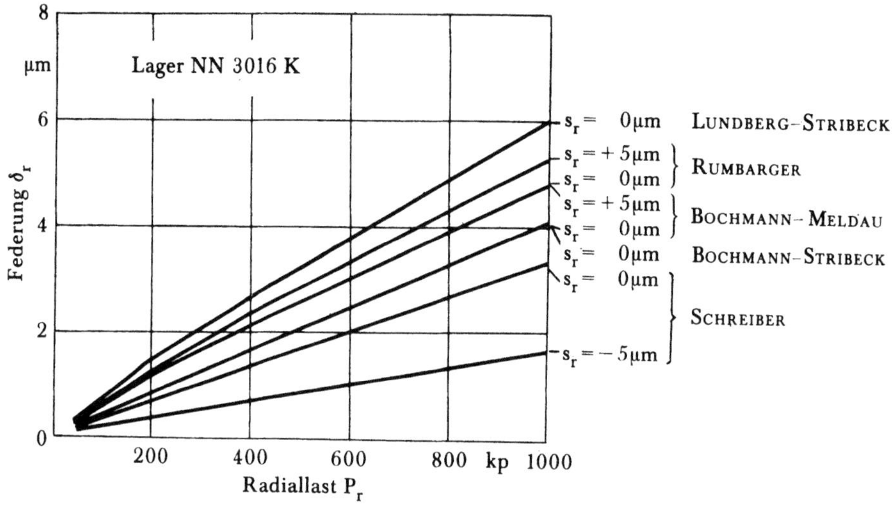

Abb. 4 Berechnete Federkennlinien für ein Lager NN 3016 K

3.2 Federungsmessungen

Entsprechend den in der Praxis hauptsächlich vorkommenden Spindeldurchmessern wurden für die nachfolgend dargestellten Federungsmessungen Lager der Baureihe NN 30.. K gewählt, deren Daten in der Tab. 2 zusammengefaßt sind.

Tab. 2 Abmessungen der untersuchten Lager

Lager-bezeichnung	Bohrungs-durchmesser mm	Mantel-durchmesser mm	Wälzkörper- Anzahl	Wälzkörper- Durchmesser mm	Wälzkörper- Länge mm
NN 3016 K	80	125	2×26	10	10
NN 3020 K	100	150	2×29	11	11
NN 3024 K	120	180	2×28	14	14
NN 3030 K	150	225	2×29	17	17

Um den Einfluß der bei der Wälzlagerherstellung üblichen Fertigungsstreuung auf die Federung zu erfassen, wurden jeweils fünf Lager gleicher Abmessungen untersucht.

3.2.1 Versuchsaufbau und -durchführung

In Abb. 5 ist der für die Federungsmessungen entwickelte Prüfstand schematisch dargestellt. Das Radialspiel kann über eine Nutmutter durch entsprechendes Auftreiben des Innenringes auf den kegeligen Dorn bei gleichzeitiger Anwendung des Druckölverfahrens feinfühlig eingestellt werden. Aufnahmedorne und Aufnahmeringe des Prüfstandes sind aus Wälzlagerstahl gefertigt, gehärtet und die Lagersitze geschliffen. Die Kontaktverhältnisse zwischen Wälzkörpern und Laufbahnen sollten bei den Prüflagern durch Fehler der Umbauteile nicht beeinflußt werden. Deshalb wurden die Untersuchungen in Verbindung mit Umbauteilen durchgeführt, bei denen der Kreisformfehler der Lagersitze maximal 2 μm betrug. Die Fehler in der Kegelsteigung der Aufnahmedorne lagen zwischen + 3 μm und — 4 μm, bezogen auf 50 mm Kegellänge.

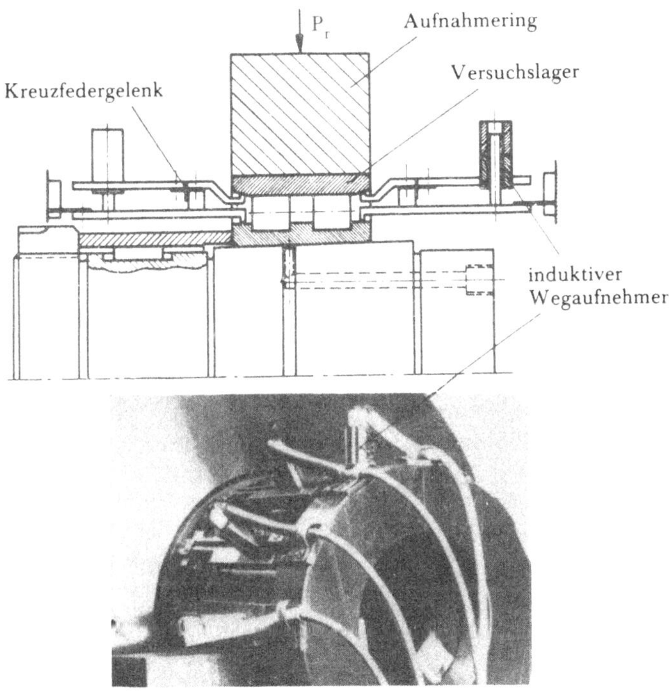

Abb. 5 Prüfstand zur Federungsmessung

Bei den Versuchen wurde die Lastrichtung in bezug auf den Innenring konstant gehalten und der Außenring nach jeder Meßreihe gegenüber dem Innenring um 90° gedreht. Hierdurch kamen jeweils andere Wälzkörper mit verschiedenen Zonen der Laufringe in Berührung. Auf diese Weise konnte ermittelt werden, inwieweit die Federung infolge von Fertigungsfehlern am Einzellager richtungsabhängig ist.

Als Maß für die Lagerfederung dient die Annäherung der beiden Laufringe unter der aufgebrachten Radiallast. Die Annäherung wurde mit Hilfe von induktiv arbeitenden Wegaufnehmern über ein Hebelsystem mit reibungsfrei arbeitendem Kreuzfedergelenk gemessen (Fotografie in Abb. 5).

Die Meßsignale wurden über eine Abgleicheinheit und ein Steuergerät, das die beiden benutzten Kanäle dieser Einheit nacheinander abfragt, einem Trägerfrequenzmeßverstärker zugeleitet und gelangten von dort über ein digitales Voltmeter zu einem Drucker, der die einzelnen Meßwerte registrierte.

Das positive Radialspiel wurde nach der SKF-Methode [4] bestimmt, das negative Radialspiel, ausgehend vom spielfreien Zustand, rechnerisch aus der Kegelsteigung der Lagerbohrung und der Gewindesteigung der Verstellmutter. Es wurden folgende Radialspielwerte untersucht:

$s_r = +\ 5\ \mu m$: positives Spiel
$s_r = \ 0\ \mu m$: spielfreie Einstellung
$s_r = -\ 5\ \mu m$:
$s_r = -\ 10\ \mu m$: negatives Spiel (Vorspannung)
$s_r = -\ 15\ \mu m$:

Sämtliche Lager stammten von zwei Wälzlagerfirmen. Die Lager gehören der für Spindellagerungen im Werkzeugmaschinenbau üblichen Genauigkeitsklasse P 5 an und sind der laufenden Produktion entnommen, um die Versuchsergebnisse auf in der Praxis vorliegende Verhältnisse übertragen zu können.

3.2.2 Gemessene Federkennlinien

An jedem Lager wurden die auf beiden Lagerseiten in den vier um 90° versetzten Richtungen gemessenen Verformungen gemittelt und so die mittleren Federungen der einzelnen Lager bestimmt. Daraus erhält man durch erneute Mittelwertbildung

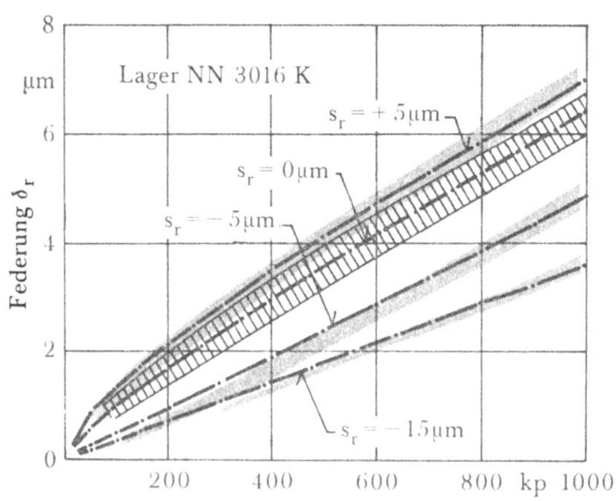

Abb. 6 Gemessene mittlere Federkennlinien von fünf Lagern NN 3016 K

die für fünf Lager gemeinsam geltenden Kennlinien. Diese sind für die untersuchten vier Lagergrößen bei verschiedenen Spielwerten in den Abb. 6–9 dargestellt (stark ausgezogene Kurven). Außerdem ist in den Diagrammen der jeweils aufgetretene Streubereich (Mittelwert der einzelnen Lager) angegeben. Er beträgt bei fünf Lagern gleichen Durchmessers maximal $\pm$ 10%, während der Streubereich innerhalb des einzelnen Lagers bei maximal $\pm$ 5% liegt. Die Kurven verlaufen leicht degressiv. Weiterhin erkennt man, daß die bei gleicher Belastung und gleichem Spiel gemessene Verformung mit ansteigendem Lagerdurchmesser abnimmt. Diese Tatsache ist auf die mit dem Durchmesser wachsende Wälzkörperzahl und -länge zurückzuführen.

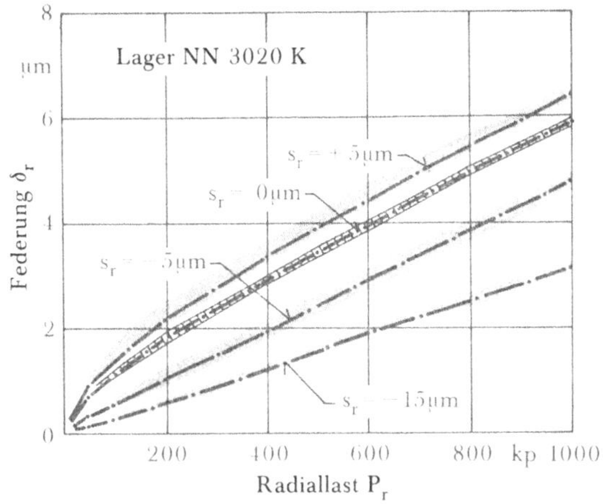

Abb. 7 Gemessene mittlere Federkennlinien von fünf Lagern NN 3020 K

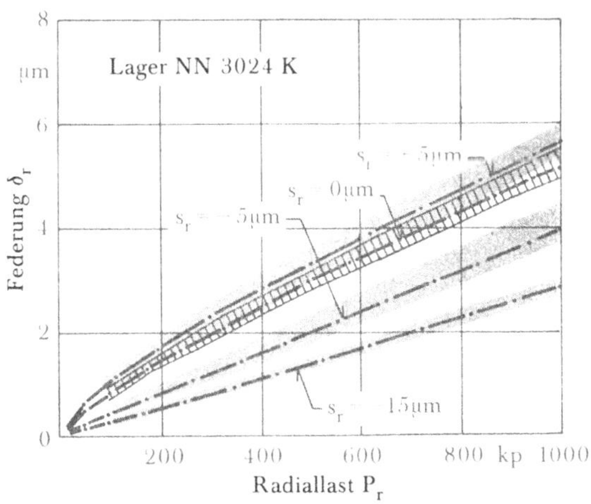

Abb. 8 Gemessene mittlere Federkennlinien von fünf Lagern NN 3024 K

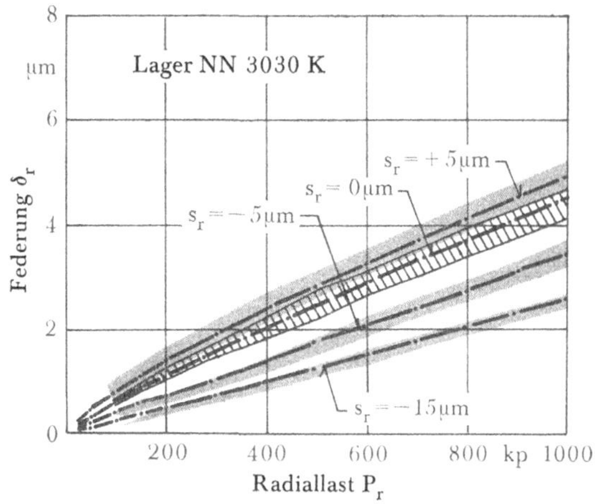

Abb. 9 Gemessene mittlere Federkennlinien von fünf Lagern NN 3030 K

3.2.3 Einfluß des Radialspiels auf die Federung

Wie aus den Diagrammen in den Abb. 6–9 hervorgeht, erreicht die Lagerverformung mit abnehmendem Spiel bzw. steigender Vorspannung niedrigere Werte. Mit wachsendem Lagerdurchmesser verringert sich der Einfluß des Radialspiels auf die absolute Federungshöhe. Diese Erscheinung ist damit zu erklären, daß die Kontaktverhältnisse durch eine Spieländerung von beispielsweise 5 µm bei einem kleineren Lager in stärkerem Maße geändert werden als bei einem großen. Die prozentuale Federungsänderung hingegen ist von den Lagerdaten praktisch unabhängig. Das geht aus der Gegenüberstellung in Tab. 3 hervor, in der die bei Belastungen von $P_r = 1000$ kp gemessenen Verformungen zusammengestellt sind. Sie betragen bei $s_r = +5$ µm für alle untersuchten Abmessungen etwa 108%, bezogen auf die bei $s_r = 0$ µm ermittelten Werte. Bei $s_r = -15$ µm schwanken sie zwischen 53 und 57%.

Tab. 3 Einfluß des Radialspiels auf die Federung bei verschiedenen Lagerabmessungen

Lagergröße	NN 3016 K		NN 3020 K		NN 3024 K		NN 3030 K	
Radialspiel s_r	Mittlere Federung δ_r bei $P_r = 1000$ kp							
µm	µm	%	µm	%	µm	%	µm	%
+ 5	7,0	108	6,4	108	5,5	108	4,9	108
0	6,4	100	5,9	100	5,1	100	4,5	100
— 5	4,9	76	4,8	81	3,9	76	3,4	76
—10	3,9	61	3,5	60	3,1	60	2,9	63
—15	3,6	56	3,1	53	2,8	53	2,8	57

Stellt man die an fünf Lagern gleichen Durchmessers gemessenen mittleren Federungen δ_r in Abhängigkeit vom Spiel s_r mit der Belastung als Parameter dar, so erhält man die in Abb. 10 gezeigten Kurven. Sie weisen zwischen $s_r = 0\ \mu m$ und $s_r = -5\ \mu m$ einen Wendepunkt auf, der theoretisch genau bei spielfreier Einstellung liegen müßte, da in diesem Fall die Lastzone 180° beträgt. In der Praxis verschiebt sich dieser Wendepunkt infolge der Durchmesserunterschiede der Laufrollen ($\pm 1\ \mu m$) und der Kreisformfehler der Laufbahnen in den Vorspannbereich.

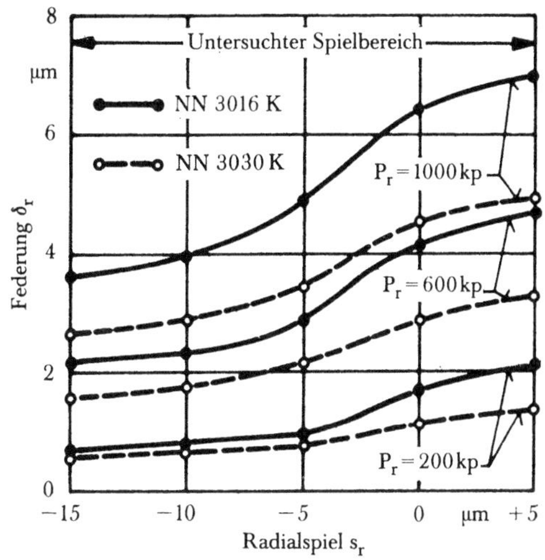

Abb. 10 Einfluß des Radialspiels auf die Federung bei verschiedenen Belastungen

Weiterhin erkennt man, daß der Betrag der Lagerfederung durch Ändern des Radialspiels etwa im Verhältnis von 2:1 verringert werden kann. Rechts und links vom untersuchten Bereich verlaufen die Kurven sehr flach, so daß eine Spieländerung mit dem Ziel, die Federungswerte des Lagers zu beeinflussen, nicht mehr sinnvoll ist. Außerdem darf das positive Spiel nur so groß sein, daß die geforderte Führungsgenauigkeit des Lagers erhalten bleibt‘ während bei Vorspannung die Betriebstemperatur keine unzulässig hohen Werte erreichen soll.

3.2.4 Einfluß der Fertigungsgenauigkeit auf die Federung

Folgende Faktoren und Fertigungsfehler können sich auf das Federungsverhalten eines Wälzlagers auswirken:

a) Sortierungsgenauigkeit der Laufrollen;

b) unterschiedliche Berührungslängen zwischen Wälzkörpern und Laufbahnen, hervorgerufen durch ballige Laufbahnen, verschieden breite Laufbahnen;

c) Kreisformfehler der Laufbahnen.

Der Einfluß der unter a) und b) genannten Fehler auf die Lagerverformung erwies sich bei den untersuchten Genauigkeitslagern als relativ gering. Die bei einer Radialbelastung von $P_r = 1000$ kp gemessenen Verformungsunterschiede betrugen im positiven Spielbereich maximal 0,5 μm, während im Vorspannbereich keine meßbare Abweichung feststellbar war.
Die unter c) erwähnten Kreisformfehler der Laufbahnen bei einem eingebauten Lager entstehen zum einen durch Kreisformfehler der Lageraufnahmeelemente und zum anderen durch Wanddickenschwankungen der Laufringe. In den meisten Fällen tritt eine Überlagerung dieser beiden Fehler auf. An Hand der Abb. 11 und 12 seien die Auswirkungen solcher Kreisformfehler näher erläutert.
Die Abb. 11 zeigt links unten das auf einem Talyrond-Gerät aufgenommene Rundheitsdiagramm einer Aufnahmebohrung mit einem Formfehler von $F_k = 1$ μm. In diese Bohrung wurde ein Außenring eingepreßt, der infolge seiner exzentrischen Lage von Mantel und Laufbahn zueinander eine Wand-

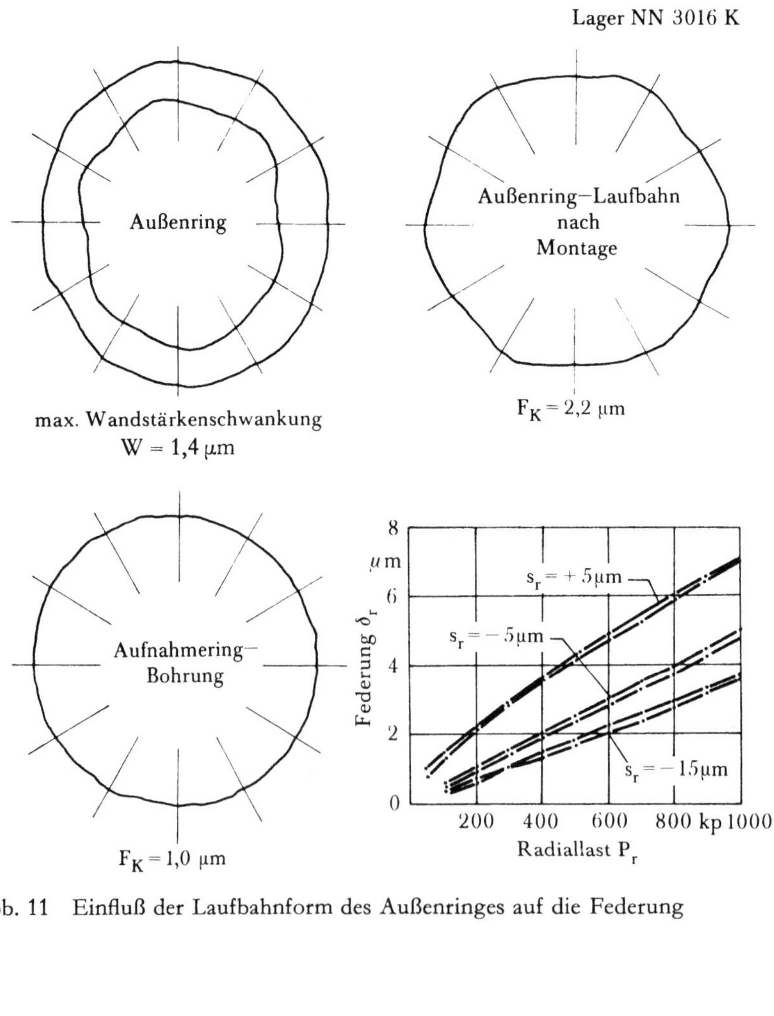

Abb. 11 Einfluß der Laufbahnform des Außenringes auf die Federung

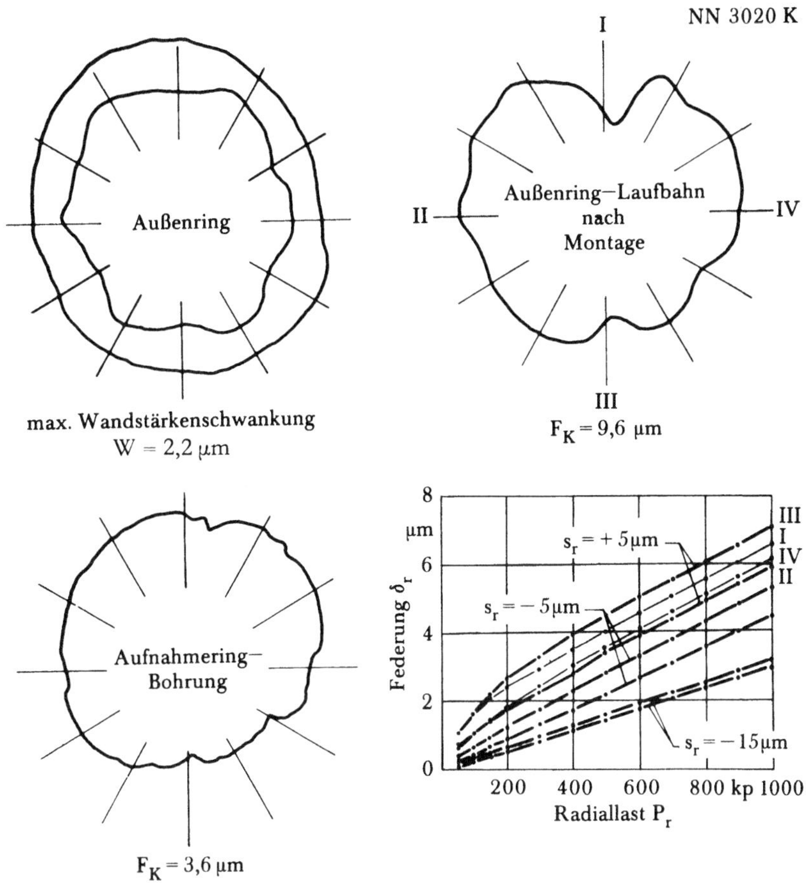

Abb. 12 Einfluß der Laufbahnform des Außenringes auf die Federung

dickendifferenz von 1,4 µm aufwies (in der Abbildung links oben). Ein erneutes Vermessen der Laufbahn nach dem Einpressen ergab nunmehr einen Kreisformfehler von 2,2 µm. Die unter Belastung in vier um 90° versetzten Richtungen gemessenen Verformungen weichen um etwa 0,2 µm voneinander ab, wie das Diagramm unten rechts in der Abbildung zeigt. Der in diesem Beispiel vorliegende Kreisformfehler von rd. 2 µm ist also praktisch noch ohne Einfluß auf die Lagerfederung.

Bei dem in Abb. 12 dargestellten Fall betrug der Formfehler der Außenringlaufbahn nach der Montage des Ringes 9,6 µm. Er setzte sich aus einem Fehler der Bohrung des Aufnahmeringes von 3,6 µm und einer maximalen Wanddickenschwankung des Außenringes von 2,2 µm zusammen. Die in den verschiedenen Richtungen gemessenen Verformungen haben sich gegenüber dem in Abb. 11 gezeigten Federungsdiagramm bei $s_r = +5$ µm auf etwa 1,5 µm erhöht. Wie man erkennt, ist das Lager in den Richtungen I und III am weichsten, da die äußere Last wegen der infolge des Kreisformfehlers schlechteren Schmiegung von weniger Wälzkörpern aufgenommen wird als in den Richtungen II und IV. Mit wachsender Vorspannung verringern sich die Verformungsunterschiede in den einzelnen Belastungsrichtungen. Diejenigen Wälzkörper, die bei Spiel an den Ausbuchtungen der Laufbahn anlagen, werden durch die Vorspannung soweit verformt, daß die restlichen Rollen ebenfalls zur Anlage kommen und mittragen. Bei einem Radialspiel von — 15 μm ist die Verformungsdifferenz nur noch so gering, daß man auch hier trotz des relativ großen Kreisformfehlers der Außenringlaufbahn von einer über dem Umfang konstanten Lagerfederung sprechen kann. Eine über dem Umfang konstante Lagersteifigkeit ist besonders bei Genauigkeitsmaschinen mit umlaufender Spindelbelastung anzustreben.

3.3 Vergleich der berechneten und gemessenen Federungswerte

In Tab. 4 sind die Abweichungen der berechneten Federungen von den an vier Lagergrößen gemessenen Werte für $s_r = 0\ \mu m$ zusammengestellt. Sie gelten für $P_r = 1000$ kp. Der Meßwert wurde jeweils gleich 100% gesetzt. Aus der Tabelle geht hervor:

Tab. 4 Abweichungen der berechneten Federungen von den mittleren Meßwerten

Rechnung nach	Abweichung der berechneten Federungswerte vom mittleren Meßwert (in %) $P_r = 1000$ kp; $s_r = 0\ \mu m$			
	NN 3016 K	NN 3020 K	NN 3024 K	NN 3030 K
Lundberg-Stribeck	6	15	18	21
Rumbarger	15	32	34	37
Bochmann-Meldau	36	45	53	60
Bochmann-Stribeck	36	45	53	60
Schreiber	48	58	62	66

a) Die Differenz zwischen den theoretisch und im Versuch ermittelten Ergebnissen nimmt mit steigendem Lagerdurchmesser zu. Sie beträgt nach Schreiber 66%.

b) Die nach Lundberg-Stribeck berechnete Verformung kommt den an den vier Lagergrößen gemessenen Beträgen am nächsten.

Zur rechnerischen Erfassung des im Versuch ermittelten Federungsverhaltens soll im folgenden aus dem unter b) genannten Grund nur die Formel von Lundberg-Stribeck verwendet werden.

3.4 Aufstellung von Federungskennwerten unter Zugrundelegung der Versuchsergebnisse

Die von LUNDBERG-STRIBECK zur Ermittlung der elastischen Verformung eines spielfreien Zylinderrollenlagers aufgestellte Formel lautet:

$$\frac{\delta_r}{\mu\mathrm{m}} = \frac{0{,}6}{\left(\frac{l_w}{\mathrm{mm}}\right)^{0,8}} \cdot \frac{5 \cdot \left(\frac{P_r}{\mathrm{kp}}\right)^{0,9}}{i \cdot z} \tag{5}$$

Sie setzt sich aus den beiden Ausdrücken

$$\frac{\delta_0}{\mu\mathrm{m}} = 0{,}6 \cdot \frac{\left(\frac{P_0}{\mathrm{kp}}\right)^{0,9}}{\left(\frac{l_w}{\mathrm{mm}}\right)^{0,8}} \tag{6a}$$

und

$$P_0 = \frac{5\,P_r}{i \cdot z}\ [\mathrm{kp}] \tag{6b}$$

zusammen. Gl. (6a) gibt die Verformung der Scheitelrolle an, während nach Gl. (6b) das Verhältnis Scheitelrollenlast zur Gesamtlast bestimmt werden kann. Diese Gleichung charakterisiert also praktisch die Lastverteilung im Lager.

Auf Grund der Differenzen zwischen den berechneten und gemessenen Federungen muß angenommen werden, daß einer der beiden Ausdrücke die tatsächlich in einem belasteten Lager herrschenden Verhältnisse nicht genügend berücksichtigt. KORRENN [5] konnte die von LUNDBERG aufgestellte Beziehung (6a) experimentell bestätigen (Abb. 13). Demnach liegen also die Ursachen für die Abweichungen zwischen Rechnung und Messung in der nicht der Praxis entsprechenden Lastverteilung, was durch entsprechende Untersuchungen bestätigt werden konnte.

Die Gl. (6b) ergibt sich nach STRIBECK [13] aus dem Kräftegleichgewicht im spielfreien Lager

$$P_r = P_0\,(1 + 2\cos^2\gamma + 2\cos^2 2\gamma + \cdots) \tag{7}$$

mit

$$\gamma = \frac{360^\circ}{i \cdot z}$$

Für alle in der Praxis vorkommenden Wälzkörperzahlen $i \cdot z$ erhält man bei Linienberührung der Wälzkörper an beiden Laufbahnen die Beziehung für die Scheitelrollenlast zu

$$P_0 = \frac{4{,}08 \cdot P_r}{i \cdot z}\ [\mathrm{kp}] \tag{8}$$

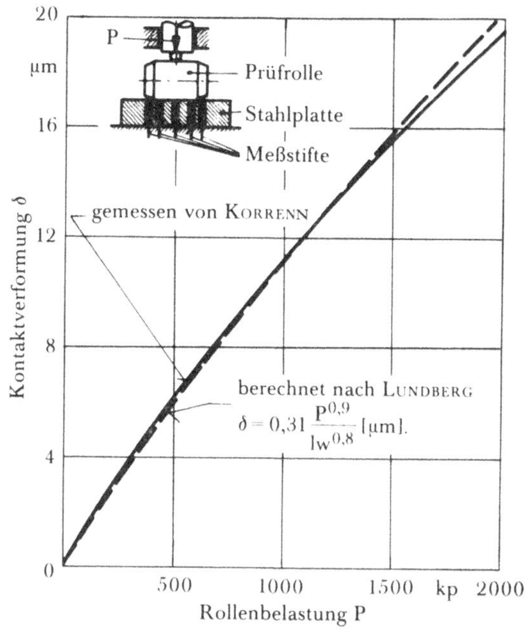

Abb. 13 Gemessene und berechnete Kontaktverformung einer zylindrischen Laufrolle

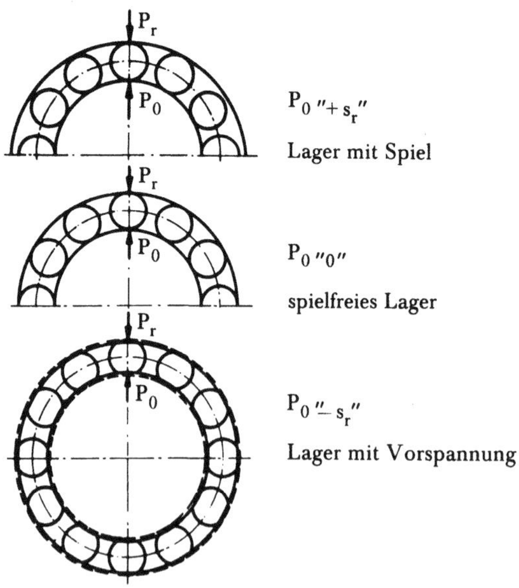

$$P_r = \text{const.} \quad \left(\frac{P_0}{P_r}\right)_{+s_r} < \left(\frac{P_0}{P_r}\right)_0 < \left(\frac{P_0}{P_r}\right)_{-s_r}$$

Abb. 14 Tragender Bogen und Lastverhältnis eines Lagers bei Spiel, Spiel Null und Vorspannung

Zur Berücksichtigung des Einflusses der in der Wälzlagerfertigung üblichen Toleranzen auf die Lagerfederung empfiehlt PALMGREN [9] jedoch, den Faktor 4,08 durch den Faktor 5 zu ersetzen.

Im Spiel- und Vorspannungsbereich ergeben sich folgende Verhältnisse:

Bei positivem Radialspiel ist die Anzahl der tragenden Rollen gegenüber dem spielfreien Lager – bedingt durch den im Vergleich zum Außenring-Laufbahndurchmesser kleineren Hüllkreisdurchmesser des Wälzkörpersatzes – geringer, bei negativem Spiel hingegen größer, da der Hüllkreisdurchmesser den der Außenringlaufbahn übersteigt, wie aus den Skizzen in Abb. 14 hervorgeht. Setzt man eine konstante äußere Belastung P_r voraus, so hat die Scheitelrolle im Lager mit Spiel einen größeren Lastanteil als im spielfreien Lager, im vorgespannten Lager jedoch einen kleineren Lastanteil aufzunehmen. Da man die Anzahl der an der Lastaufnahme beteiligten Wälzkörper mit Hilfe praktischer Versuche nicht genau bestimmen kann, liegt es nahe, diese Verhältnisse durch Einführen einer besonderen Einflußzahl zu kennzeichnen und die Rollenzahl $i \cdot z$ bei der Rechnung konstant zu halten. Der Faktor 5 in Gl. (5), im folgenden als Lastverteilungskennzahl K bezeichnet, wurde als Unbekannte betrachtet und Gl. (5) nach K aufgelöst:

$$K = \frac{i \cdot z}{\dfrac{P_r}{\text{kp}}} \cdot \sqrt[0{,}9]{\frac{\left(\dfrac{l_w}{\text{mm}}\right)^{0{,}8}}{0{,}6} \cdot \frac{\delta_r}{\mu\text{m}}}$$

Wenn man für die Federung δ_r die Mittelwerte der an fünf Lagern gleichen Durchmessers gemessenen Federungen einsetzt, sind alle auf der rechten Seite dieser Gleichung stehenden Größen bekannt, und man kann K berechnen. Für die Rollenlänge l_w wurde jeweils die Konstruktionslänge eingesetzt.

Die Lastverteilungszahl kennzeichnet also das Verhältnis von P_0/P_r unter Berücksichtigung sowohl der üblichen Fertigungstoleranzen als auch des vom Radialspiel und der äußeren Belastung abhängenden tragenden Bogens. Am Beispiel des Lagers NN 3016 K sei das Verhalten dieser Kennzahl bei verschiedenen Belastungen und Spielwerten näher erläutert.

Wie das in Abb. 15 dargestellte Diagramm zeigt, nimmt K im positiven Spielbereich erwartungsgemäß mit steigender Belastung auf Grund des wachsenden tragenden Bogens ab. Der auch bei spielfreier Einstellung degressive Kurvenverlauf läßt erkennen, daß die belastete Zone im Lager wegen der Abweichungen der einzelnen Lagerelemente von der ideal-geometrischen Form sowie der Verformung des Lageraufnahmeringes* noch nicht konstant 180° betragen hat. Nach Gl. (6b) müßte die Kurve für $s_r = 0\ \mu$m eine parallel zur Abszisse verlaufende Gerade mit der Ordinate $K = 5$ ergeben. Im vorliegenden praktischen Fall liegt diese Gerade nicht bei $s_r = 0\ \mu$m, sondern bei einem Spielwert zwischen $s_r = 0\ \mu$m

* Um den Einfluß der Verformung der Lagerumbauteile auf die Lagerfederung möglichst gering zu halten, wurden bei den Versuchen als Vollwelle ausgeführte Dorne und Umringe benutzt, deren Wanddicke etwa dem Durchmesser der jeweiligen Lagerbohrung entsprach.

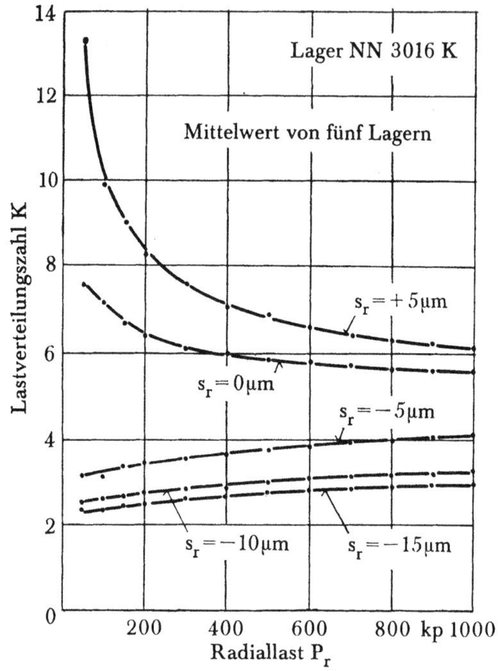

Abb. 15 Lastverteilungszahl K in Abhängigkeit von der äußeren Belastung

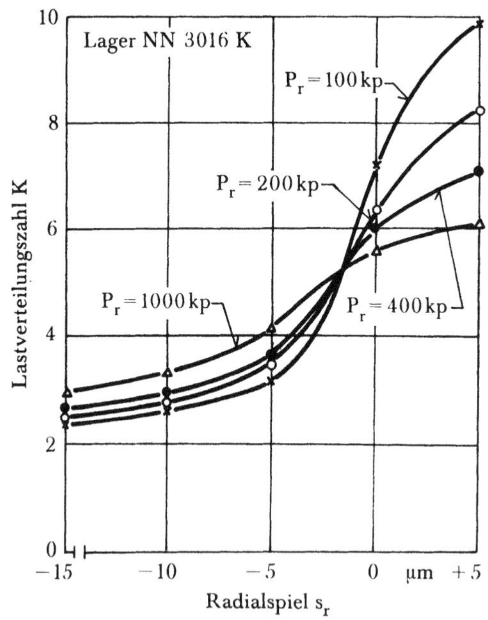

Abb. 16 Lastverteilungszahl K in Abhängigkeit vom Radialspiel

und $s_r = -5\ \mu m$. Ihre genaue Lage kann man aus dem in Abb. 16 gezeigten Diagramm entnehmen, in dem die Größe K in Abhängigkeit vom Radialspiel mit der Lagerbelastung als Parameter aufgetragen ist. Die S-förmigen Kurven schneiden sich offensichtlich in einem Punkt, dessen Koordinaten die Lage des Grenzwertes in Abb. 15 angeben. Für das Lager NN 3016 K liegt er bei $K = 5{,}3$ und $s_r = -1{,}25\ \mu m$, d. h. man erhält bei diesem Spiel für alle Belastungen konstante K-Werte.

Trägt man an Stelle von K das Verhältnis $K/i \cdot z = P_0/P_r$ in Abhängigkeit vom Radialspiel auf, so erhält man das in Abb. 17 gezeigte Diagramm, das Aufschluß über die Scheitelrollenbelastung P_0 gibt. Man erkennt, daß P_0 bei konstanter Belastung mit zunehmendem positivem Spiel infolge der dadurch bedingten kleineren Lastzone ansteigt. Mit wachsender Vorspannung nimmt der durch die äußere Last hervorgerufene Anteil der Scheitelrolle ab (durchgezogene Kurve). Die Gesamtbelastung der Rolle, die sich aus der Vorspannkraft und der äußeren Last zusammensetzt, steigt dagegen stark an (gestrichelte Kurve).

Aus diesen Untersuchungen folgt, daß die Lastverteilungszahl vom Radialspiel und von der Belastung abhängt. Eine weitere mögliche Einflußgröße stellt der Lagerdurchmesser dar. Es ist jedoch naheliegend, daß das Lastverhältnis

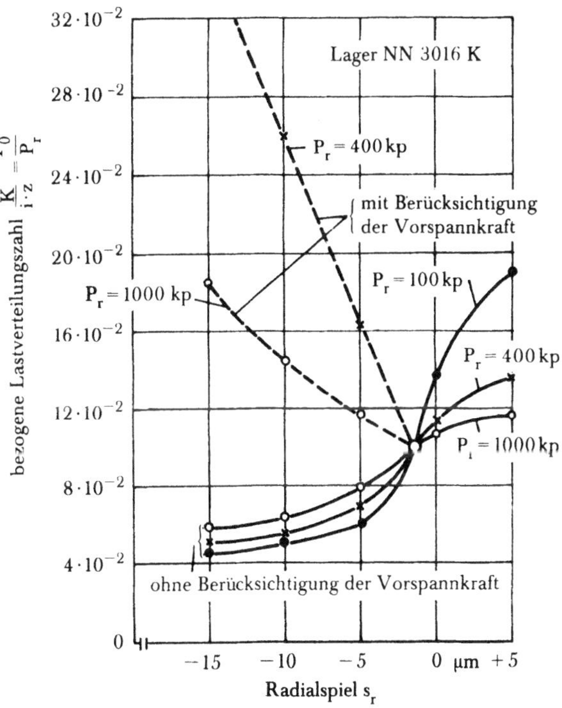

Abb. 17 Lastanteil der Scheitelrolle im Lager mit und ohne Berücksichtigung der Vorspannkraft

$(P_0/P_r) \cdot (i \cdot z)$ und damit K nur von der Anzahl der Wälzkörper im Lager bestimmt wird. Dieser Zusammenhang geht auch aus der von STRIBECK aufgestellten Gl. (7) bzw. (8) hervor. Für die in der Praxis vorkommenden Wälzkörperzahlen – sie betragen bei den für Spindellagerungen vorgesehenen zweireihigen Zylinderrollenlagern etwa zwischen 40 und 80 – ergibt das Verhältnis $(P_0/P_r) \cdot (i \cdot z)$ – wie bereits erwähnt – einen nahezu konstanten Wert. Die maximalen Abweichungen liegen bei $\pm 2\%$. Ein eindeutiger Einfluß des Lagerdurchmessers ließ sich auch aus den in den Abb. 6–9 dargestellten Versuchsergebnissen nicht ableiten.

Auf Grund dieser Zusammenhänge kann man die Funktion für die Lagerfederung in der allgemeinen Form

$$\delta_r = f(C_L, P_r, K) \tag{9}$$

mit

$$K = g(P_r, s_r) \tag{10}$$

schreiben. In der Veränderlichen C_L sind die dem Lager eigenen Konstruktionsgrößen $i \cdot z$ (Rollenzahl), l_w (Rollenlänge) sowie eine Materialkonstante zusammengefaßt.

Für das Aufstellen von Gleichungen zum Berechnen der Federung ist es zweckmäßig, zunächst die Teilfunktion nach Gl. (10) zu bestimmen. Wie man Abb. 16 entnehmen kann, ergeben sich nach Auftragen von K in Abhängigkeit von s_r mit P_r als Parameter S-förmige Kurven, die sich nur durch Polynome höherer Ordnung analytisch darstellen lassen. Wählt man jedoch das Radialspiel als Parameter, so versprechen die dabei entstehenden Kurven (Abb. 15) auf Grund ihrer Form eine einfachere Darstellung. In dem Diagramm in Abb. 18 wurde die aus

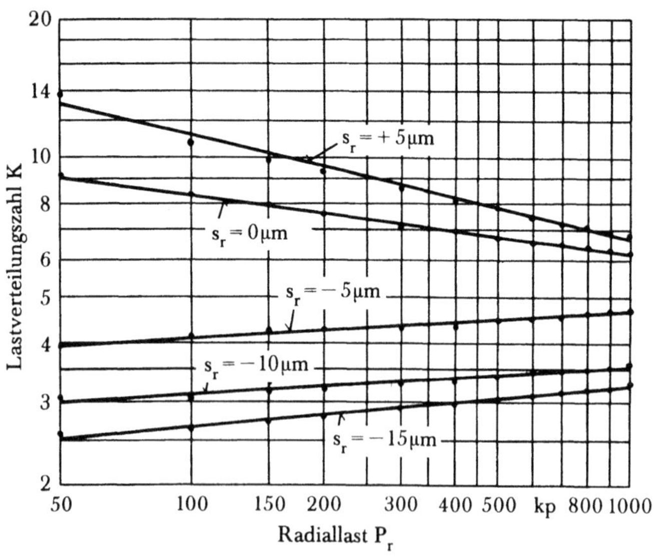

Abb. 18 Mittlere Lastverteilungszahl K bei verschiedenen Belastungen und Radialspielwerten

den gemessenen Federungen aller untersuchten Lager berechnete Lastverteilungszahl als Funktion der Lagerbelastung für verschiedene Spielwerte in einem doppeltlogarithmischen System aufgetragen. Man erhält Geraden der allgemeinen Form

$$\lg K = \lg a + b \lg P_r \qquad (11)$$

wobei a den Schnittpunkt der Geraden mit der Ordinate – Abszissenwert 1 – und b deren Steigungsmaß angeben. Die Beziehung $K = f(P_r)$ läßt sich demnach für ein bestimmtes Radialspiel durch die Exponentialfunktion

$$K = a \cdot P_r^b \qquad (12)$$

beschreiben. Der Faktor a und der Exponent b sind jedoch keine Konstanten; beide hängen vom Radialspiel ab. In Abb. 19 ist dieser Zusammenhang dargestellt. Wie man aus dem Verlauf der Kurven erkennt, ändert sich a gegenüber b im Bereich zwischen $s_r = +5$ µm und $s_r = -5$ µm stärker als zwischen $s_r = -5$ µm und $s_r = -15$ µm. Das bedeutet, daß die Lastverteilungszahl K bei positivem Spiel und geringer Vorspannung vornehmlich von der Belastung bestimmt wird. Bei höherer Vorspannung tritt dieser Einfluß gegenüber dem des Radialspiels zurück. Die Ursache hierfür ist darin zu suchen, daß im erstgenannten Fall der tragende Bogen von der äußeren Last abhängt, während er im letztgenannten Fall belastungsunabhängig ist.

Auf Grund der erläuterten Zusammenhänge zwischen der Lastverteilungszahl, der Belastung und dem Radialspiel ist es möglich, die Federungsgleichung

$$\frac{\delta_r}{\mu\text{m}} = \left(\frac{P_r}{\text{kp}} \cdot K\right)^{0,9} \cdot \frac{0,6}{(i \cdot z)^{0,9} \cdot \frac{l_w}{\text{mm}}^{0,8}} \qquad (13)$$

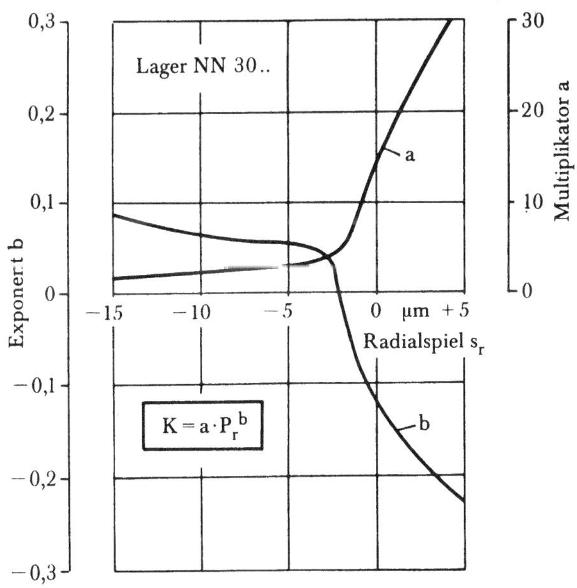

Abb. 19 Abhängigkeit des Faktors a und des Exponenten b vom Radialspiel

in Form eines Nomogrammes darzustellen (Abb. 20). Das Nomogramm gestattet in einfacher Weise, die Federung von Lagern der Reihen NN 30...K und NN 30...* bei bekannter Belastung und vorgegebenem Radialspiel im Bereich von $s_r = +5$ µm und $s_r = -15$ µm zu ermitteln. Umgekehrt kann man auch das Radialspiel bestimmen, bei dem die geforderte maximal zulässige Verformung für eine vorgegebene Lagergröße nicht überschritten wird.
Die Handhabung des Nomogramms sei an folgendem Beispiel erläutert: Gesucht ist die Federung eines Lagers NN 3024 bei einem Radialspiel von $s_r = -5$ µm und einer Belastung von $P_r = 800$ kp. Man verbindet den Punkt — 5 auf dem

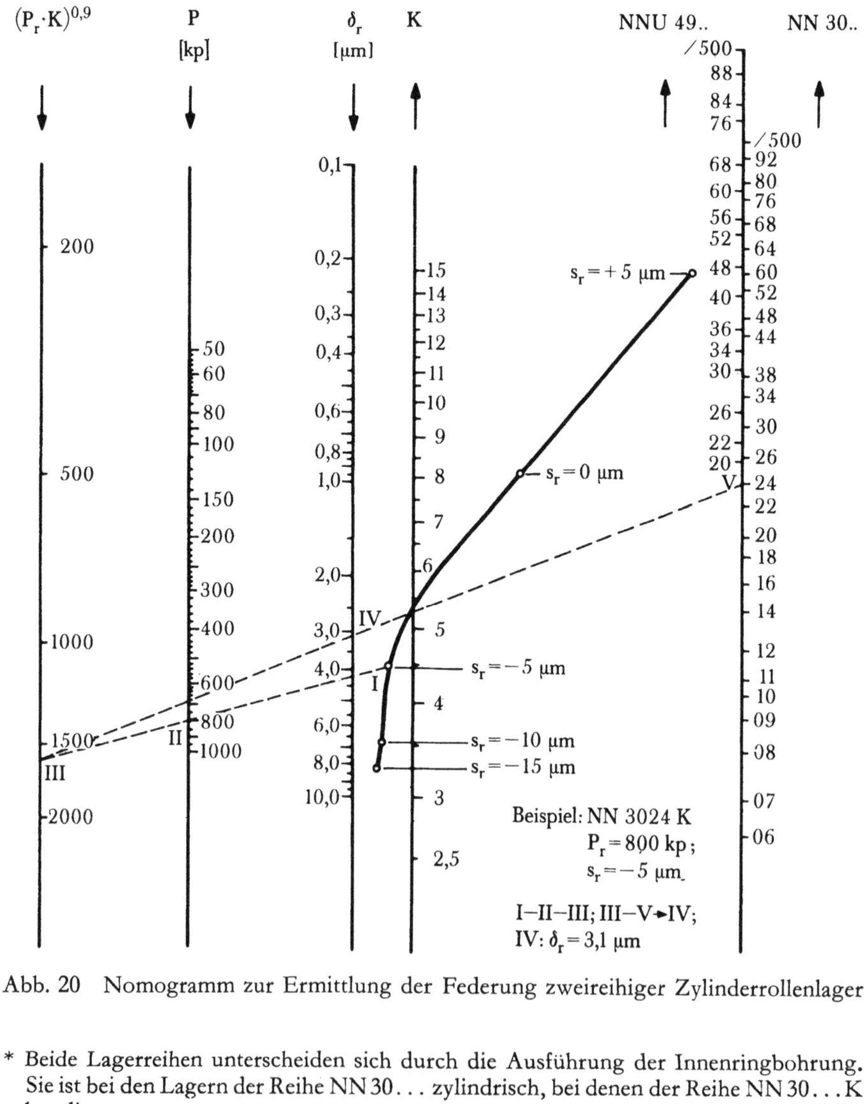

Abb. 20 Nomogramm zur Ermittlung der Federung zweireihiger Zylinderrollenlager

* Beide Lagerreihen unterscheiden sich durch die Ausführung der Innenringbohrung. Sie ist bei den Lagern der Reihe NN 30... zylindrisch, bei denen der Reihe NN 30...K kegelig.

gekrümmten Skalenträger I mit $P_r = 800$ kp auf dem Skalenträger II und verlängert diese Verbindungslinie bis zum Schnitt mit Skalenträger III, auf dem die Hilfsgröße $(P_r \cdot K)^{0,9}$ aufgetragen ist. Dieser Schnittpunkt wird mit dem Durchmesser des gegebenen Lagers auf Skalenträger V verbunden. Die Verbindungslinie schneidet den Skalenträger IV bei der gesuchten Lagerverformung von 3,1 μm.

Im Werkzeugmaschinenbau verwendet man zur Lagerung von Arbeitsspindeln neben den doppelreihigen Zylinderrollenlagern der Reihen NN 30... und NN 30...K auch solche der Reihen NNU 49... und NNU 49...K. Diese Lager unterscheiden sich von denen der dreißiger Reihen durch größere Anzahl und Länge der Wälzkörper sowie dadurch, daß die Führungsborde für die Rollen am Außenring angeordnet sind. Außerdem baut diese Lagerart auch etwas niedriger, so daß sie sich besonders gut für raumsparende Konstruktionen eignet.

Wie bereits nachgewiesen wurde, wird die Lastverteilungszahl K zwar vom Radialspiel und der Höhe der äußeren Lagerbelastung nicht aber vom Lagerdurchmesser beeinflußt. Mit Hilfe der aufgestellten Gl. (13) läßt sich also dic Federung jedes Rollenlagers gleicher Qualität bei entsprechend dimensionierten Umbauteilen ermitteln. Aus diesem Grunde konnten in dem Federungsnomogramm auch die in den Katalogen aufgeführten Lager der Reihe NNU 49... berücksichtigt werden.

An Hand einer Gegenüberstellung der gemittelten Meßwerte und der für die gleichen Bedingungen dem Nomogramm entnommenen elastischen Lagerverformungen ist gezeigt, wie sich die bei der Aufstellung des Nomogramms getroffenen Annahmen auf das Ergebnis auswirken. Die größten Abweichungen zwischen

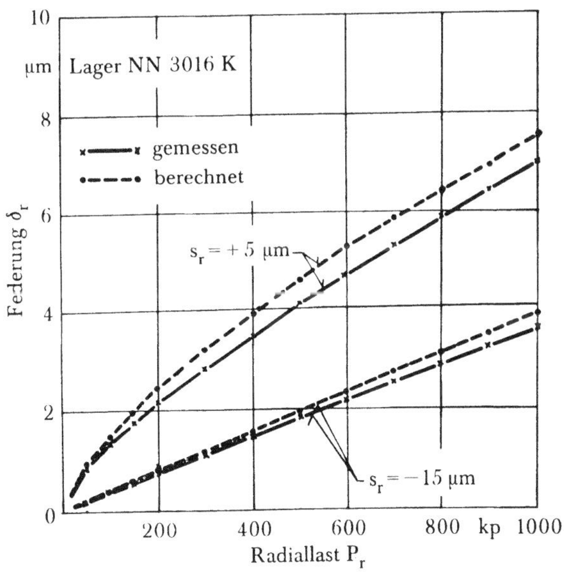

Abb. 21 Gegenüberstellung von nach dem Nomogramm berechneten Federungen mit gemessenen Werten

Rechnung und Messung treten mit etwa 10% bei den Lagern NN 3016 K auf (Abb. 21). Der absolute Wert der Abweichungen liegt bei dieser Lagergröße zwischen 0,3 und 0,7 µm und kann mit in der Werkstatt verwendeten Meßmitteln kaum mehr erfaßt werden. Die Genauigkeit der mit Hilfe des vorliegenden Nomogramms berechneten Verformungen von Lagern in dem untersuchten Durchmesserbereich ist für die Praxis ausreichend.
Die aus den Versuchsergebnissen ermittelten Lastverteilungszahlen dürfen auf Lager mit gegenüber den untersuchten Größen erheblich abweichenden Abmessungen jedoch nur dann übertragen werden, wenn die Fertigungsgenauigkeit gleichbleibt.

3.5 Steifigkeitswerte von zweireihigen Zylinderrollenlagern

Im Werkzeugmaschinenbau rechnet man anstatt mit der Verformung eines Maschinenteiles häufig mit dessen Steifigkeit c, insbesondere dann, wenn das Verhalten dieses Elementes unter Belastungen verschiedener Größe interessiert.

Aus dem gekrümmten Verlauf der Federkennlinie eines Wälzlagers läßt sich ersehen, daß nicht von einer Federkonstanten gesprochen werden kann. Die Steifigkeit ist vielmehr lastabhängig und muß also für jede Belastung besonders bestimmt werden.
Durch Differenzieren von Gl. (13) und anschließendes Bilden des Kehrwertes erhält man die Beziehung

$$\frac{c_r}{\dfrac{\text{kp}}{\mu\text{m}}} = \frac{\left(\dfrac{P_r}{\text{kp}}\right)^{0,1}}{K^{0,9}} \cdot \frac{(i \cdot z)^{0,9} \cdot \left(\dfrac{l_w}{\text{mm}}\right)^{0,8}}{0,54} \tag{14}$$

die den Zusammenhang zwischen der Federsteife und der Belastung wiedergibt. Sie wurde für die Kataloggrößen der zweireihigen Zylinderrollenlager der Reihen NN 30... und NNU 49... unter Zugrundelegung der im Versuch ermittelten Federungen und unter Berücksichtigung des zwischen der Lastverteilungszahl und dem Radialspiel bestehenden Zusammenhanges ausgerechnet. Die Ergebnisse sind wieder in Form eines Nomogrammes (Abb. 22) dargestellt. Aus diesem Nomogramm kann die Steifigkeit eines solchen Lagers bei vorgegebenem Lagerdurchmesser und Radialspiel sowie bei bekannter Belastung entsprechend dem eingezeichneten Beispiel abgelesen werden.

3.6 Einfluß der konstruktiven Ausbildung der Lagerumbauteile auf die Federung

Bei den beschriebenen Federungsmessungen wurden Aufnahmedorne mit Vollquerschnitt und Umringe verwendet, die gegenüber den Lagerringen sehr steif

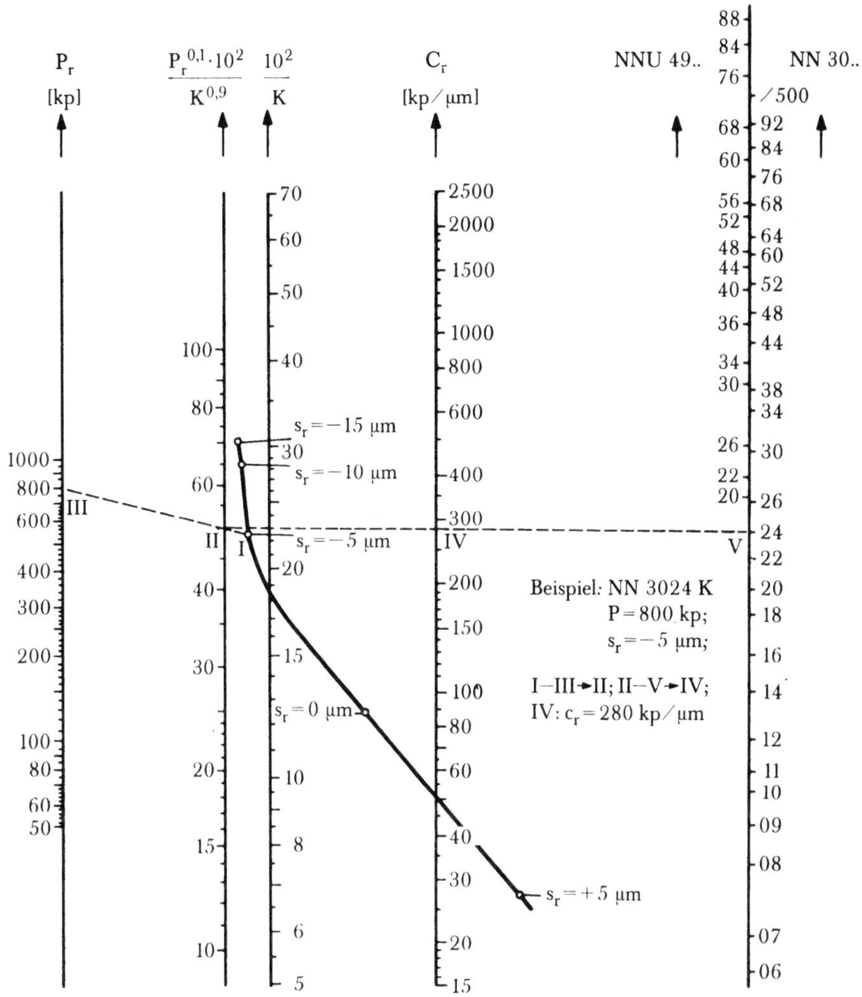

Abb. 22 Nomogramm zur Ermittlung der Steifigkeit zweireihiger Zylinderrollenlager

waren, um den Einfluß der Lagerumbauteile auf die Federung möglichst auszuschalten. Im Werkzeugmaschinenbau sind die Arbeitsspindeln jedoch häufig als Hohlwellen ausgebildet, um auf den Maschinen auch Stangenarbeiten durchführen zu können. Bei Bohrwerken muß man die Lager der Hauptspindel aus konstruktiven Gründen oft in relativ dünnwandige Rohrstutzen, z. B. in die Planscheiben-Spindel, einsetzen. Das Federungsverhalten einer Spindellagerung wird dabei nicht nur vom Lager selbst, sondern u. U. auch in wesentlichem Maße von der konstruktiven Gestaltung der Lagerumbauteile mit beeinflußt. Im folgenden wird die Auswirkung derartiger in der Praxis üblicher Verhältnisse auf die Lagerfederung näher untersucht.

3.6.1 Einfluß der Bohrung von Hohlspindeln auf die Federung der Radiallager

Der Einfluß der Bohrung von Hohlspindeln auf die Lagerfederung sei an Hand nachstehender Überlegungen beschrieben. Betrachtet man ein Lager, welches auf eine dünnwandige Spindel montiert ist und von einem sehr steifen Umring aufgenommen wird, so verformt sich die Spindel bei Belastung des Lagers über den Aufnahmering wie folgt:

a) Ist das Lager mit positivem Spiel oder spielfrei eingestellt, so verformt sich die Spindel an der Stelle des höchsten Druckes, also in der Umgebung der Scheitelrolle. Dadurch verringert sich die Belastung der Scheitelrolle; während sich die Lastanteile der daneben liegenden Wälzkörper erhöhen und auch an diesen Stellen eine Verformung der Spindel eintritt: Die auf der Seite der belasteten Zone liegende Spindelhälfte wird eingeschnürt.

b) Bei einem vorgespannten Lager (negatives Spiel) erfolgt sowohl durch den aufgedornten Innenring als auch durch die Reaktionskräfte der Rollen eine Einschnürung der Spindel über dem ganzen Umfang. Deswegen ist der tatsächlich eingestellte Vorspannwert kleiner als der über die Kegelsteigung der Innenring-Bohrung und die Gewindesteigung der Verstellmutter berechnete Vorspannung. Wird das Lager über den Aufnahmering belastet, so tritt noch eine zusätzliche Verformung der Spindel auf.

In den beiden geschilderten Fällen ergibt sich gegenüber einer Spindel mit Vollquerschnitt eine Änderung der Lastverteilung im Lager, welche auf das Federungsverhalten eine ähnliche Auswirkung wie eine Spielerhöhung hat. In dem

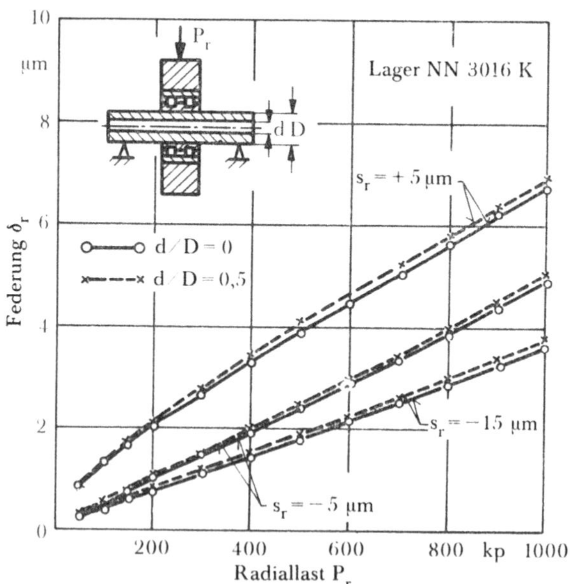

Abb. 23 Federkennlinien eines Lagers bei einer Spindel mit Vollquerschnitt und einer Hohlspindel

Diagramm auf Abb. 23 sind die an einem Lager NN 3016 K bei einem Aufnahmedorn mit Vollquerschnitt gemessenen Federkennlinien gezeigt (durchgezogene Kurven). Diesen gegenübergestellt wurden die Federungen, welche sich in Verbindung mit einem in Längsrichtung durchbohrten Aufnahmedorn unter sonst gleichen Versuchsbedingungen ergaben (gestrichelte Kurven). Das Verhältnis von Bohrungsdurchmesser zu Außendurchmesser betrug 0,5. Wie man aus dem Diagramm erkennt, liegen die Differenzen der bei gleicher Belastung gemessenen Lagerverformungen bei maximal 0,2 μm. Sie sind also für die Praxis ohne Bedeutung.

Der Wert 0,5 für das Verhältnis von Spindel-Bohrungsdurchmesser zu -Außendurchmesser stellt für die Biegesteifigkeit der Spindel einen Grenzwert dar. Aus diesem Grunde wurde der Einfluß größerer Spindelbohrungen auf die Lagerfederung nicht untersucht.

3.6.2 Einfluß der Wanddicke des Aufnahmeringes auf die Federung der Radiallager

Betrachtet man die Spindel als vollkommen steif, den Aufnahmering aber als elastisch, so verformt sich dieser in folgender Weise:

a) Bei einem Lager mit positivem Spiel oder Spiel Null ergibt sich durch die am Umring punktförmige Druckkraft ein Oval, dessen Hauptachse senkrecht auf der Wirkungslinie der Last steht. Die seitlichen Wälzkörper werden entlastet, so daß sich der tragende Bogen im Lager gegenüber einem Lager in einem steifen Aufnahmering verkleinert, und zwar um so stärker, je geringer die Wanddicke des Ringes ist. Greift die äußere Last direkt am Lageraußenring an, so kann der Extremfall eintreten, daß nur noch die Scheitelrolle trägt.

b) Wird das Lager mit Vorspannung eingestellt, so erfolgt bereits bei der Einstellung ein Aufweiten des Aufnahmeringes über dem ganzen Umfang: Infolgedessen entspricht die Vorspannung im Lager nicht dem berechneten Wert. Bei Belastung des Lagers tritt noch eine zusätzliche Verformung des Umringes auf.

An Hand einiger Versuchsergebnisse soll nun erläutert werden, in welcher Weise sich diese Verhältnisse auf die Lagerfederung auswirken. Auf Abb. 24 sind die bei verschiedenen Radialspielwerten gemessenen Federkennlinien eines Lagers NN 3020 K dargestellt. Die durchgezogenen Kurven geben die Federung des Lagers bei Vollwelle und einem Aufnahmering von 85 mm Wandstärke entsprechend einem Außendurchmesser von 320 mm wieder. Die gestrichelten Kurven kennzeichnen die Verformung des Lagers bei einem Umring von nur 45 mm Wanddicke, was einem Außendurchmesser von 240 mm entspricht. Beide Ringe wiesen in der Bohrung den gleichen Kreisformfehler von etwa 2 μm auf.

Wie das Diagramm zeigt, ergeben sich in Verbindung mit dem dünnwandigen Umbauteil höhere Lagerverformungen. Außerdem zeigen die Kurven in dem gesamten untersuchten Lastbereich auch einen steileren Verlauf. Diese Erscheinungen sind im positiven Spielbereich und bei Spiel Null darauf zurückzuführen,

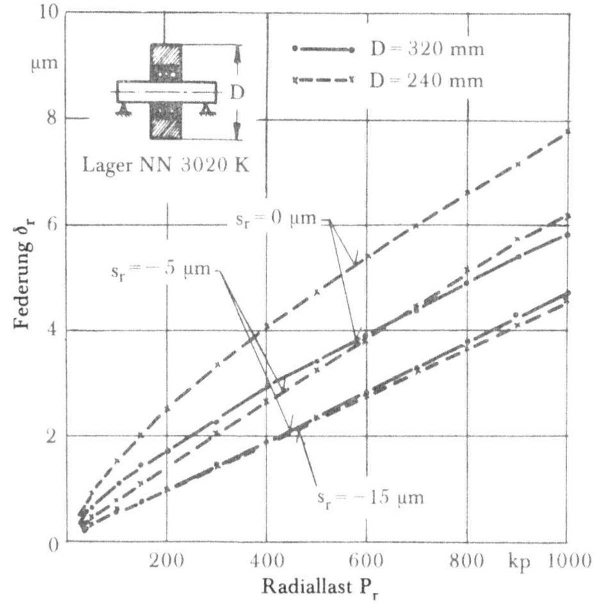

Abb. 24 Federkennlinien eines Lagers bei Aufnahmeringen verschiedener Wandstärke

daß die tragende Zone im Lager mit dem dünnwandigen Aufnahmering kleiner als mit dem dickwandigen war. Im Vorspannungsbereich beträgt die Lastzone bei beiden Lagern zwar 360°. Die in der Nähe der Scheitelrolle liegenden Wälzkörper müssen infolge der seitlichen Verformung des dünnwandigen Ringes jedoch einen größeren Anteil der äußeren Belastung aufnehmen als diejenigen des von dem dickwandigen Umring aufgenommenen Lagers.
In diesem Zusammenhang sei erwähnt, daß sich ein Lager, dessen Außenring mit einer Spielpassung in einen als steif anzusehenden Umring eingebaut ist, unter Belastung ähnlich verhalten wird wie ein Lager ohne Umring. Eine versteifende Wirkung des Umbauteiles und damit eine Verbesserung des Federungsverhaltens tritt erst ein, wenn der Außenring durch Auftreiben des Innenringes auf die Spindel soweit aufgeweitet worden ist, daß er auf seinem ganzen Umfang fest an der Wand der Aufnahmebohrung anliegt. Bei der Bearbeitung von Aufnahmebohrungen ist deshalb auf die Einhaltung der vom Wälzlagerhersteller vorgeschriebenen Preßpassung zu achten. Das gleiche gilt für Lager, die aus Gründen der einfacheren Bearbeitung des Spindelstockes und leichteren Montage in eine relativ dünnwandige Zwischenbüchse, eine sogenannte Z-Büchse, eingesetzt sind.

Zur Abschätzung des Federungsverhaltens eines Lagers infolge dünnwandiger Aufnahmeringe kann das auf Abb. 25 gezeigte Diagramm herangezogen werden. In diesem Diagramm ist das Verhältnis zwischen der in Verbindung mit Umbauteilen verschiedenen Durchmessers bei $P_r = 1000$ kp gemessenen Federung und den dem Nomogramm (Abb. 20) entnommenen Werten – Index »0« – über dem

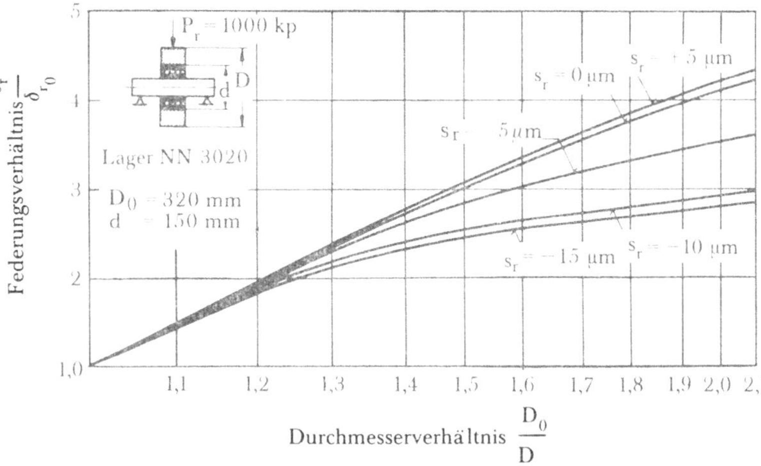

Abb. 25 Federungszunahme infolge dünnwandiger Aufnahmeringe

jeweiligen Durchmesserverhältnis für verschiedene Spielwerte dargestellt. Aus dem Diagramm kann man ablesen, in welcher Weise die Lagerfederung mit abnehmendem Außendurchmesser des Aufnahmeringes ansteigt und wie hoch die Vorspannung des Lagers gewählt werden muß, um die Verformungserhöhung gegenüber den nach dem Nomogramm bestimmten Werten möglichst gering zu halten. Wie die Abbildung zeigt, wirkt der Einfluß des Radialspiels sich erst bei einem Durchmesserverhältnis $D_0/D > 1,2$ auf die Federungszunahme aus.

Der bei den Versuchen angewandte Belastungsfall entspricht nicht den in der Praxis auftretenden Verhältnissen. Während die Lagerfederung bei dickwandigen Umringen vom Lastangriff kaum beeinflußt wird, ist bei dünnwandigen infolge anderer Lastverteilung ein größerer Unterschied zu erwarten. Deshalb können diese Versuchsergebnisse der Federungsberechnung nicht unmittelbar zu Grunde gelegt werden. Sie lassen jedoch erkennen, daß die Höhe der Verformung unter einer gegebenen Belastung nicht nur eine dem Lager eigene Kenngröße darstellt, sondern immer im Zusammenhang mit den Abmessungen der Lagerumbauteile zu sehen ist. Demzufolge kann auch nicht von »Lagersteife« im eigentlichen Sinne, sondern lediglich von »Steifigkeit der Lagerung« gesprochen werden.

Um möglichst hohe Steifigkeitswerte der Lagerung zu erreichen, sollte der Konstrukteur die Wandstärke des Aufnahmeteiles nach Möglichkeit etwa gleich dem Bohrungsdurchmesser des betreffenden Lagers wählen. Eine weitere Vergrößerung der Wandstärke hat praktisch keine Verbesserung des Federungsverhaltens mehr zur Folge. Aus dem gleichen Grunde sollte das Verhältnis von Spindelbohrungsdurchmesser zu Spindel-Außendurchmesser nicht mehr als 0,5 betragen.

3.6.3 Einfluß der Lagerumbauteile auf die Steifigkeit der Axiallager

Neben den radialen Verlagerungen an der Kraftangriffsstelle interessieren in vielen Fällen auch die axialen Federungen infolge der auftretenden Axialbelastungen, wie z. B. Vorschubkräfte beim Drehen. Bei zweireihigen Zylinderrollenlagern als radiale Führungslager werden meist bei Spindellagerungen zur Aufnahme der Axialkräfte Axial-Rillenkugellager oder bei höheren Spindeldrehzahlen Axial-Schrägkugellager vorgesehen. Im Gegensatz zu den zweireihigen Zylinderrollenlagern ist die Bestimmung der eigentlichen Lagerfederung bzw. Lagersteifigkeit der Axiallager mit einfachen Beziehungen [9] möglich, da hier der Einfluß des Lagerspieles entfällt. Die Unterschiede zwischen berechneten und gemessenen Federungen von Axiallagern sind vernachlässigbar klein ($< 10\%$) [4]. In besonderem Maße beeinflußt aber bei Spindellagerungen auch die Gestaltung der Lagerumbauteile die axiale Steifigkeit. Dies sei an Hand des Beispieles in Abb. 26 erläutert, in dem die Federung eines Axial-Rillenkugellagers (51124) in Abhängigkeit von der Axialbelastung dargestellt ist. Die Federungen dieses Lagers wurden unter verschiedenen Einbaubedingungen ermittelt. Neben den Meßwerten ist der nach der Größengleichung [9]

$$\frac{\delta_a}{\mu\text{m}} = 0{,}24 \cdot \sqrt[3]{\frac{\left(\frac{Q}{\text{kp}}\right)^2}{\frac{D_w}{\text{mm}}}} \qquad (15)$$

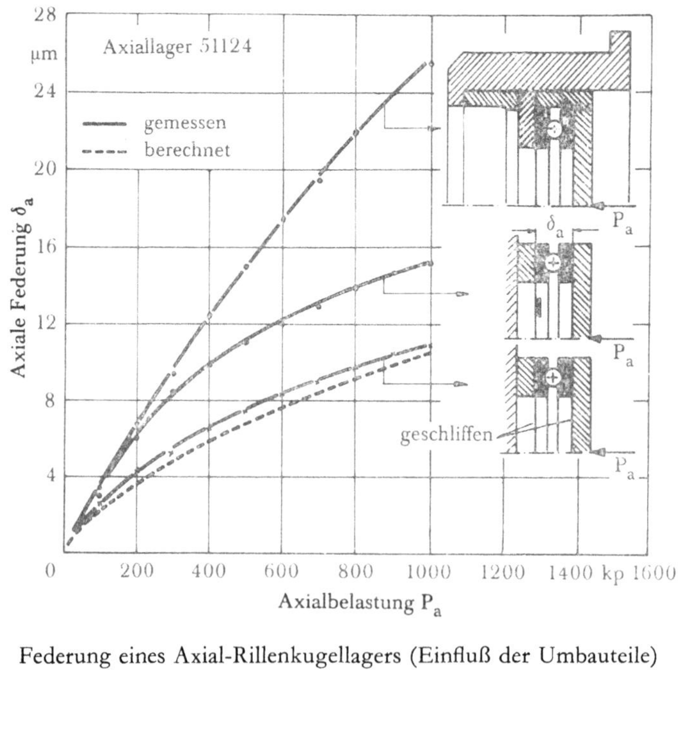

Abb. 26 Federung eines Axial-Rillenkugellagers (Einfluß der Umbauteile)

berechnete Zusammenhang zwischen Federung und Belastung eingezeichnet. Man erkennt in dieser Abbildung, daß bei den vorliegenden Einbauverhältnissen an einer Spindellagerung (s. Prinzipskizze rechts oben im Diagramm) sehr hohe Federungen am Lager auftreten. Der Grund dafür ist in erster Linie eine ungenügende Abstützung der Zwischenscheibe, die nur am äußeren Rand in der sogenannten »Z-Büchse« fixiert ist. Wird diese Scheibe vollständig unterstützt (mittlere Kurve im Diagramm), so wird die Federung des Lagers wesentlich geringer (15 μm gegenüber 26 μm bei $P_a = 1000$ kp).
Durch ein Nachschleifen der ursprünglich nur feingedrehten Oberfläche und bei vollständiger Abstützung der Scheibe (untere gemessene Kurve) können nahezu die theoretisch möglichen Federungen erzielt werden.
Auf Grund der gezeigten Untersuchungsergebnisse ergeben sich zur Erzielung einer hohen Steifigkeit der Axial-Lagerung folgende Forderungen:

1. Genügende Abstützung des Axiallagers durch eine möglichst breite Zwischenscheibe
2. Hohe Planparallelität aller Einbauteile der Spindellagerung

3.7 Steifigkeit der zweireihigen Zylinderrollenlager unter verschiedenen Betriebsbedingungen

Im Abschnitt 3.2.3 wurde der Zusammenhang zwischen Federung und Radialspiel für zweireihige Zylinderrollenlager gezeigt. Zur Bestimmung der im Betrieb vorliegenden Steifigkeit des Systems Spindel-Lagerung ist es notwendig, das Radialspiel der Lager, das eine der wesentlichsten Einflußgrößen auf die Lagersteifigkeit darstellt, unter verschiedenen Betriebsbedingungen zu kennen.
Das Radialspiel eines Wälzlagers wird von der sich im Betrieb einstellenden Lagertemperatur beeinflußt. In den meisten Fällen liegt auf Grund der besseren Wärmeableitung vom Außenring durch das Gehäuse ein Temperaturgefälle im Lager vom Innenring zum Außenring vor. Infolge dieses Temperaturgefälles dehnt sich der Innenring stärker aus als der Außenring, wodurch eine Spielverringerung eintritt.
Im folgenden soll an Hand von experimentellen und theoretischen Untersuchungen gezeigt werden, inwieweit sich das Radialspiel im Betrieb gegenüber dem Ausgangswert, d. h. dem bei der Montage eingestellten Spielwert, ändert.
Zur experimentellen Bestimmung des Betriebsspieles an einem Prüflager (NN 3024 K) erfolgten an den einzelnen Lagerelementen- und -umbauteilen Temperatur- und Dehnungsmessungen. Die Temperaturen wurden im Versuch mit NTC-Widerständen (Halbleiter mit einem negativen Temperatur-Koeffizienten von 4%/°C) gemessen, die Dehnungen der Lagerringe mit Dehnmeßstreifen.
In Abb. 27 ist die Anordnung der einzelnen Meßelemente im Versuchslager und an den Umbauteilen dargestellt.
Die Abnahme der Meßwerte von den drehenden Teilen (Spindel und Innenring) erfolgte über Schleifringköpfe an den Spindelenden.

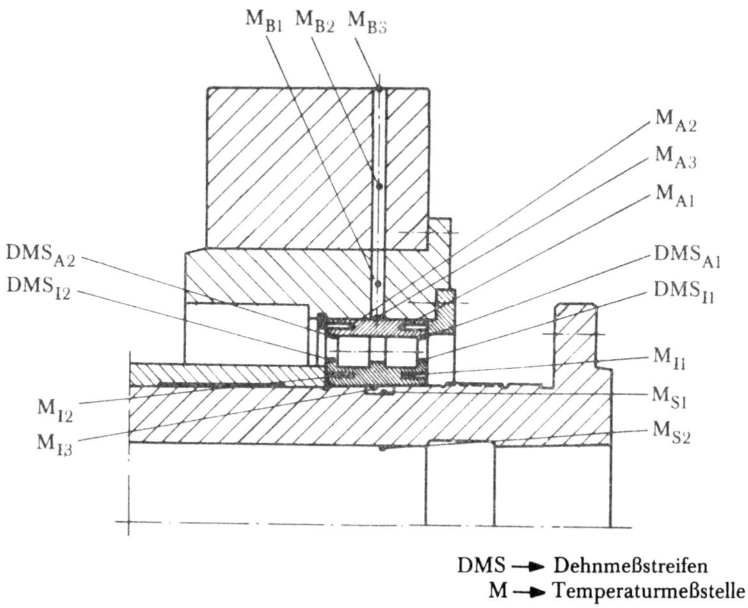

Abb. 27 Anordnung der Meßelemente zur Temperatur- und Dehnungsmessung

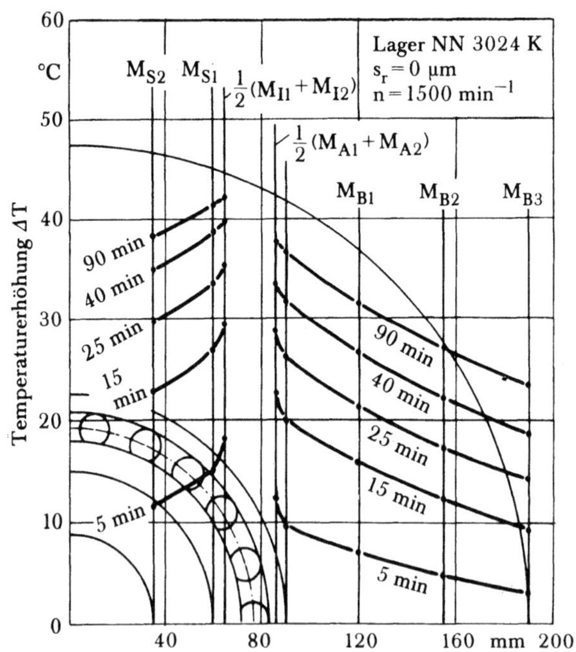

Abb. 28 Zeitlicher Temperaturverlauf in der Lagerung in radialer Richtung

Ein Beispiel für den zeitlichen Temperaturverlauf in radialer Richtung an einer Lagerstelle ist in Abb. 28 gezeigt. Aus der Abbildung geht deutlich hervor, daß die Wärme vom Außenring in dieser Richtung wesentlich besser abgeleitet wird als vom Innenring. Der Temperaturunterschied zwischen Außenring und Lagerbockaußenseite – Meßstellen M_{A1}/M_{A2} und M_{S1} – ist zu jeder Zeit größer als der zwischen Innenring und Spindelinnenseite – Meßstellen M_{J1}/M_{J2} und M_{S1}.

Die hier beschriebenen Versuchsergebnisse traten qualitativ auch bei den anderen Spielwerten und Drehzahlen auf. Für ein Ausgangsspiel (bei der Montage eingestellt) von $s_r = 0\ \mu m$ und eine Spindeldrehzahl von $n = 1500\ min^{-1}$ sind in Abb. 29 die gemessenen Durchmesservergrößerungen der Lagerringe in Abhängigkeit von der Spindellaufzeit aufgetragen. Die Kurven zeigen einen degressiven Verlauf und erreichen nach etwa 90 Minuten infolge des sich einstellenden Temperaturgleichgewichtes in der Lagerung einen festen Wert, welcher für den Innenring bei 52,5 µm und für den Außenring bei 44 µm liegt. Wie schon auf

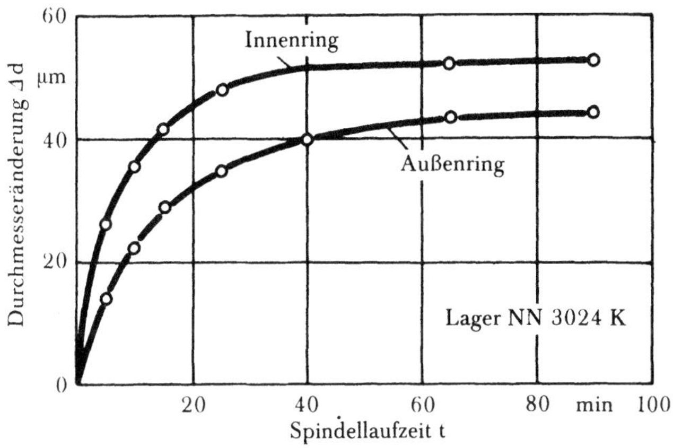

Abb. 29 Zeitliche Durchmesservergrößerung der Laufringe

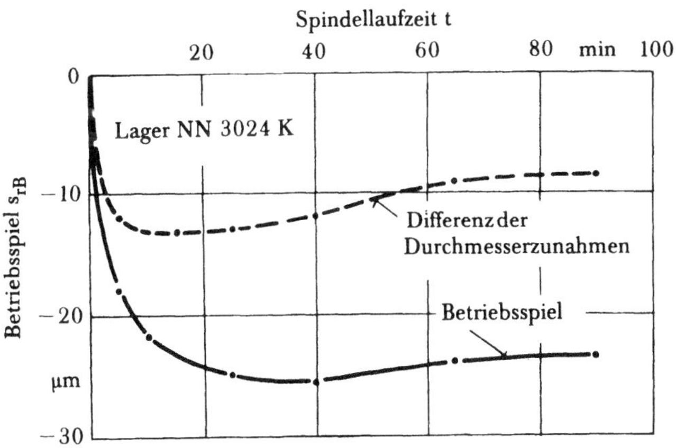

Abb. 30 Zeitliche Spielveränderung im Lager bei Erwärmung

Grund des Temperaturverlaufes in Abb. 28 zu erwarten war, vergrößert sich der Durchmesser des Innenringes in stärkerem Maße als der des Außenringes, was eine Verringerung des bei der Montage eingestellten Radialspiels bedeutet. Aus dem auf Abb. 30 (gestrichelte Kurve) dargestellten zeitlichen Verlauf der Durchmesserdifferenz beider Laufringe geht hervor, daß sich das Radialspiel zuerst bis zu einem Minimalwert verkleinert und dann wieder etwas vergrößert. Entsprechend dem Temperatur-Beharrungszustand stellt sich schließlich auch ein fester Spielwert ein.

Der jeweilige Betrag des sich mit der Spindellaufzeit verändernden Radialspiels wird außer von der unterschiedlichen Dehnung der Lagerringe noch von den durch das Ansteigen der Temperatur bewirkten Durchmesservergrößerung der Wälzkörper bestimmt. Die Messung der an den Rollen auftretenden Temperaturen war bei laufender Spindel nicht möglich. Um deren Erwärmung trotzdem angenähert erfassen zu können, wurde die Spindel in einem gesonderten Versuch nach verschiedenen Laufzeiten abgebremst und die Rollen mit bereits vorgewärmten Fühlern abgetastet. Die auf diese Weise ermittelten Werte lagen jeweils 1–2°C unter der entsprechenden Rollbahntemperatur des Innenringes. Berücksichtigt man die nicht zu vermeidenden Zeitverzögerungen von etwa 0,5 Minuten zwischen Stillsetzen der Spindel und der Messung, während der sich die Wälzkörper bereits geringfügig abgekühlt haben, so erscheint die Annahme berechtigt, daß sie die gleiche Temperatur aufweisen wie der Innenring. Die Bestimmung der Durchmesserzunahme der Wälzkörper erfolgte nach der Beziehung

$$\Delta d = \alpha \cdot d \cdot \Delta T \qquad (16)$$

wobei vorausgesetzt wurde, daß die Temperatur über der Rollenlänge und dem Rollendurchmesser konstant ist.

Das sich zur Zeit im Betrieb einstellende Radialspiel errechnet sich aus der jeweiligen Durchmesserdifferenz der Laufringe, der Durchmesserzunahme der Wälzkörper und dem bei Raumtemperatur eingestellten Spielwert nach der Beziehung

$$s_{rB\,(t)} = \Delta D_L - (\Delta d_L + \Delta d_R) + s_R \qquad (17)$$

Hierin bedeuten:

ΔD_L Änderung des Laufbahndurchmessers am Außenring
Δd_L Änderung des Laufbahndurchmessers am Innenring
Δd_R Änderung des Wälzkörperdurchmessers

Es ist auf Abb. 30 (durchgezogene Kurve) für verschiedene Spindellaufzeiten dargestellt. Das Lager hat nach etwa 40 Minuten bei einer Außenringtemperatur von 32,5°C mit $s_{rB} = -26\ \mu m$ seinen kleinsten Spielwert. Im Beharrungszustand beträgt das Betriebsspiel $s_{rB} = -23{,}5\ \mu m$.

Die Kurve kennzeichnet den Spielverlauf der Lager einer Werkzeugmaschine, deren Spindel längere Zeit mit konstanter Drehzahl umläuft, wie das z. B. bei Halbautomaten und Automaten der Fall ist. Bei in der Einzelfertigung eingesetzten Maschinen, etwa bei Drehbänken, werden die Spindeln sehr oft bereits nach kurzen Laufzeiten wegen erforderlichen Werkzeugwechsels, Kontrolle der Werkstückmaße usw. wieder stillgesetzt, außerdem werden die Spindeldrehzahlen häufig gewechselt, so daß sich bei diesen Maschinen in den Spindellagern keine Beharrungstemperatur einstellen und demzufolge das Betriebsspiel auch keinen festen Wert erreichen kann. Wie jedoch aus dem Kurvenverlauf ersichtlich ist, stellt sich nach einer Spindellaufzeit von 5 Minuten bereits ein Radialspiel von $s_{rB} = -18\ \mu m$ ein, was etwa 80% des Betriebsspiels bei Beharrung entspricht. Allgemein kann also festgestellt werden, daß in vielen Fällen auch die Spindellager von in der Einzelfertigung arbeitenden Maschinen infolge des Temperaturunterschiedes zwischen Innen- und Außenring im Betrieb vorgespannt sind, selbst bei einem Ausgangsspiel von $s_r = +10\ \mu m$, wie man aus dem auf Abb. 31 dargestellten Säulendiagramm ablesen kann.

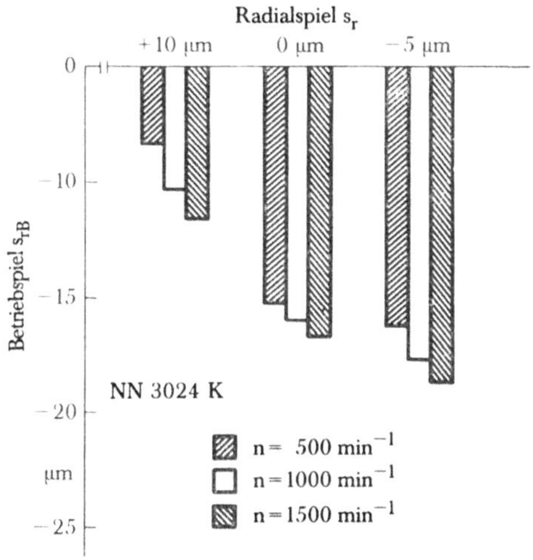

Abb. 31 Gemessene Betriebsspielwerte im Beharrungszustand bei verschiedenen Montagespielen und Drehzahlen

Angegeben sind hier jeweils die Betriebsspielwerte, welche sich bei den verschiedenen Drehzahlen und Ausgangsspielwerten nach Erreichen des Beharrungszustandes im Lager einstellen. Die Vorspannung wird mit steigender Drehzahl und abnehmendem Ausgangsspiel infolge der anwachsenden Temperaturdifferenz zwischen Innen- und Außenring und der stärkeren Erwärmung der Laufrollen größer.

Wie bereits erwähnt, wurde bei der Berechnung der Rollendehnung von der Annahme ausgegangen, daß die Rollen sich über ihrer Länge und ihrem Durchmesser gleichmäßig erwärmen. Da der Betrag des sich im Lager einstellenden Betriebsspiels, wie aus Abb. 30 ersichtlich, von der Rollendehnung in hohem Maße beeinflußt wird, soll versucht werden, die Richtigkeit der getroffenen Annahme auf experimentellem Wege zu bestätigen. Als Folge der bei der Erwärmung des Lagers auftretenden Lagervorspannung müßte sich z. B. die Verlagerung der Spindel an der Spindelnase unter Belastung gegenüber dem kalten Lager verringern.

Um dies zu bestätigen, wurde die stillstehende Spindel – das Lager hatte Raumtemperatur – bei verschiedenen Radialspielwerten über einen Kraftmeßbügel am Spindelflansch belastet und dessen Verlagerung mit einem Mikrokator gemessen. Anschließend lief die Spindel bei konstanter Drehzahl jeweils bis zur Erreichung der Lager-Beharrungstemperatur. Nach dem Abbremsen erfolgte wieder eine Verlagerungsmessung am Spindelflansch bei der gleichen Belastung. Gleichzeitig wurde die an den einzelnen Temperaturmeßstellen auftretende Abkühlung sowie der Rückgang der Ringdehnungen mit erfaßt.

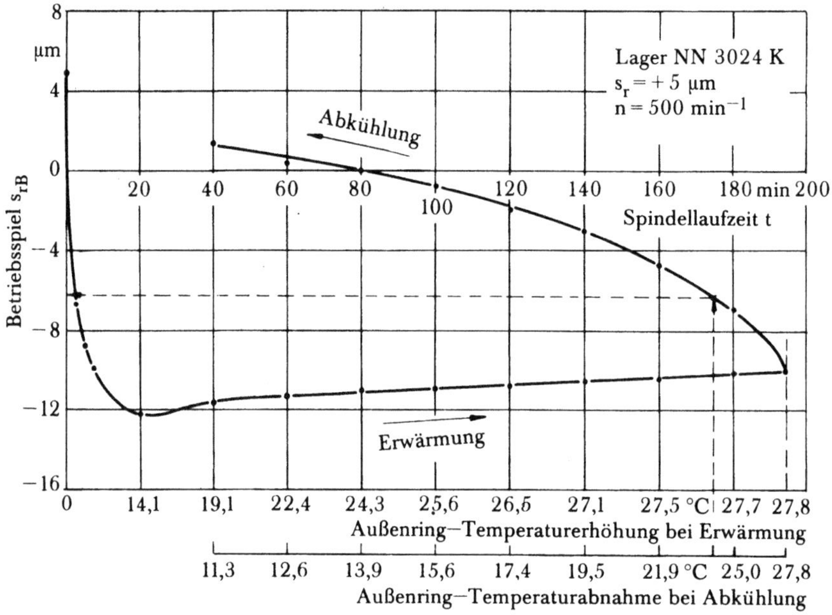

Abb. 32 Zeitliche Spieländerung bei Erwärmung und Abkühlung des Lagers

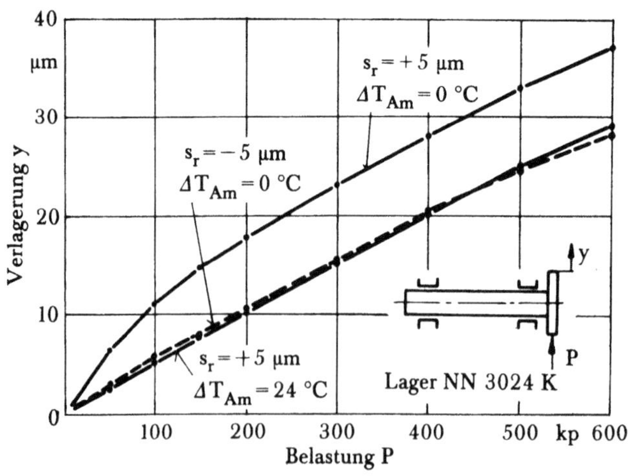

Abb. 33 Verlagerung der Spindelnase bei Raumtemperatur und Betriebstemperatur

Die Ergebnisse dieser Versuchsreihe seien an Hand der auf den Abb. 32 und 33 gezeigten Diagramme erläutert. Aus Abb. 32 geht die zeitliche Spieländerung bei Erwärmung und Abkühlung des Lagers hervor. Das Lager hatte bei Raumtemperatur ein Radialspiel von $s_r = +5\ \mu m$ und erreichte nach einer Spindellaufzeit von etwa 195 Minuten ein Betriebsspiel von $s_{rB} = -10\ \mu m$. Die Drehzahl der Spindel betrug $n = 500\ min^{-1}$.
Auf Abb. 33 sind die bei Raumtemperatur ($\Delta T_{Am} = 0°C$) und Spielwerten von $s_r = +5\ \mu m$ und $s_r = -5\ \mu m$ gemessenen Verlagerungen der Spindelnase dargestellt. Ihnen gegenübergestellt wurde die nach Stillsetzen der Spindel ermittelte Verlagerungskurve ($\Delta T_{Am} = 24°C$). Man erkennt, daß die Kurven für das Ausgangsspiel $s_r = +5\ \mu m$ und die Temperaturerhöhung $\Delta T_{Am} = 24°C$ sowie für $s_r = -5\ \mu m$ und $\Delta T_{Am} = 0°C$ praktisch zusammenfallen. Daraus ist zu entnehmen, daß beide Kennlinien bei etwa gleichem Radialspiel ermittelt wurden. Aus der auf Abb. 32 gezeigten Spieländerungskurve ergibt sich bei einer mittleren Temperaturerhöhung am Außenring von 24°C während des Abkühlungsvorganges ein Spielwert von ungefähr $-6\ \mu m$.
In diesem Zusammenhang sei jedoch betont, daß die hier mitgeteilten quantitativen Meßergebnisse ausschließlich für den bei den Versuchen verwendeten Prüfstand gelten. Sie lassen sich auf andere Maschinen wegen der dort anderen Wärmeleitungs- und -abstrahlungsverhältnisse infolge unterschiedlicher konstruktiver Ausbildung der Lagerumbauteile und damit anderen Lauftemperaturen der Lager nicht übertragen. In vielen Fällen dürfte aber eine qualitative Übereinstimmung bestehen.

3.8 Berechnung des Betriebsspieles mit Hilfe der Spannungs-Dehnungs-Gleichungen für den mehrachsigen Spannungszustand

Im folgenden Abschnitt sollen Möglichkeiten aufgezeigt werden, das Betriebsspiel unter Zugrundelegung der Prüfstandabmessungen und der an den einzelnen Lagerungselementen gemessenen Temperaturen zu berechnen. Dabei wird die Rechnung unter folgenden Voraussetzungen durchgeführt:

1. Vernachlässigung des Temperaturgefälles in axialer Richtung,
2. Vernachlässigung der infolge der Lagervorspannung im Lager auftretenden Kräfte,
3. Rollentemperatur gleich Innenringtemperatur.

Spindel und Lagerinnenring stellen nach der Montage eine Schrumpfverbindung dar, wobei der Innenring gegenüber der Spindel als dünnwandig gelten kann. Erwärmt sich der Ring von der Laufbahnseite her, so tritt erst dann eine Durchmesservergrößerung auf, wenn das Übermaß Δ und damit die Schrumpfspannungen durch die Temperaturerhöhung abgebaut worden sind. Diese Verhältnisse werden in dem Diagramm auf Abb. 34 durch die durchgezogene Kurve unter der Voraussetzung gekennzeichnet, daß die Spindel nicht mit erwärmt wird. Die

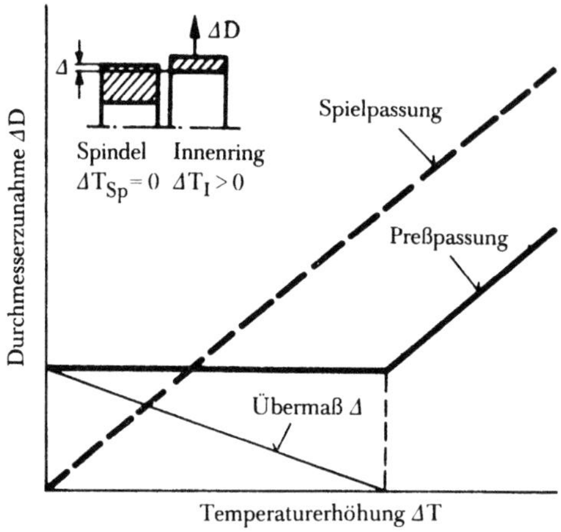

Abb. 34 Durchmesserzunahme des aufgeschrumpften Innenringes infolge Erwärmung bei kalter Spindel (schematisch)

gestrichelte Gerade gibt die Durchmesserzunahme eines mit einer Spielpassung montierten Ringes wieder.
Wird die Wärme dagegen in radialer Richtung über die Spindel abgeleitet, vergrößert diese infolge der Temperaturerhöhung ebenfalls ihren Durchmesser und weitet den Innenring auf. Damit erreicht das Übermaß erst bei einer stärkeren Temperaturzunahme den Wert Null. Das Diagramm auf Abb. 35 zeigt die Durchmesservergrößerung für diesen Fall.
Diese Verhältnisse lassen sich analytisch wie folgt formulieren: Nach den Lamèschen Gleichungen erhält man für das Passungsübermaß vor dem Fügen und die nach dem Fügen auftretende Vergrößerung des Außendurchmessers des

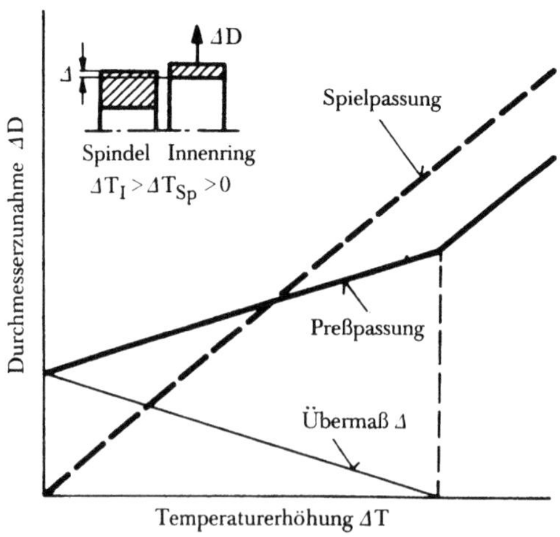

Abb. 35 Durchmesserzunahme des aufgeschrumpften Innenringes bei Ableitung der Wärme über die Spindel (schematisch)

größeren Ringes unter Verwendung der auf Abb. 36 angegebenen Bezeichnungen die Ausdrücke

$$\Delta = \frac{d \cdot p}{E} \cdot \left(\frac{1 + c_e^2}{1 - c_e^2} + \frac{1 + c_i^2}{1 - c_i^2} \right) \tag{18}$$

$$\Delta_{e2} = \frac{2 \cdot p \cdot d \cdot c_e}{E(1 - c_e^2)} \tag{19}$$

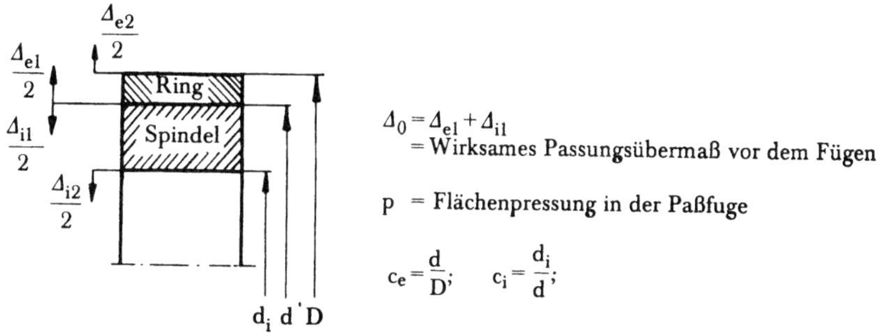

Abb. 36 Bei der Rechnung verwendete Bezeichnungen

Diese Beziehungen gelten unter der Voraussetzung, daß beide Schrumpfteile aus dem gleichen Material bestehen. Verbindet man beide Gleichungen miteinander, so ergibt sich für die Vergrößerung des äußeren Durchmessers

$$\Delta_{e2} = \Delta_{(T)} \cdot C \tag{20}$$

wobei in der Konstanten C die geometrischen Abmessungen der Schrumpfringe zusammengefaßt sind.

$$C = \frac{2\, c_e}{(1 - c_e^2) \cdot \left(\frac{1 + c_e^2}{1 - c_e^2} + \frac{1 + c_i^2}{1 - c_i^2} \right)} \tag{21}$$

Erwärmt man den Preßverband von außen, so nimmt das Übermaß Δ mit steigender Temperatur ab. Bei einer beliebigen Temperatur T an der Laufbahn, welche über der Raumtemperatur liegt, hat es den Wert

$$\Delta_{(T)} = \Delta_0 + \Delta_{i1\,(\mathrm{Tsp})} - \Delta_{e1\,(\mathrm{Tsp})} \tag{22}$$

Infolge des Temperaturabfalles von außen nach innen ist T_{sp} kleiner als T.

Da $\Delta = \varepsilon \cdot d$, wird

$$\Delta_{(T)} = \Delta_0 + d(\varepsilon_{\mathrm{sp}} - \varepsilon_R) \tag{23}$$

so daß sich die Vergrößerung des äußeren Durchmessers als Funktion des Übermaßes $\Delta_{(T)}$ zu

$$\Delta_{e\,2} = C\,[\Delta_0 + d(\varepsilon_{\mathrm{sp}} - \varepsilon_R)] \tag{24}$$

ergibt.

Für den Ausdruck $\varepsilon_{sp} - \varepsilon_R$ erhält man negative Werte, da der Innenring sich stärker erwärmt als die Spindel. Außerdem besitzt Wälzlagerstahl auch einen gegenüber schwach legierten Baustählen, aus denen Spindeln normalerweise gefertigt werden, höheren Temperaturausdehnungskoeffizienten (12,3 μm/m° C gegenüber 11 μm/m° C). Berücksichtigt man noch die Dehnung des Laufringes, so erhält man für die Durchmesservergrößerung der Laufbahnen die Beziehung

$$\Delta_{e2} = D \cdot \varepsilon_R + C\,[\Delta_0 + d(\varepsilon_{sp} - \varepsilon_R)] \qquad (25)$$

Bei der Montage eines Wälzlagerinnenringes auf eine Spindel wählt man das Übermaß so groß, daß sich der Innenring bei den im Betrieb auftretenden Temperaturen nicht von der Spindel lösen kann, d. h. das Übermaß wird durch die Temperaturerhöhung zwar kleiner als bei Raumtemperatur, aber nicht zu Null. Für die Rechnung ist also nur der die geringere Steigung aufweisende Ast der auf Abb. 34 mit Preßpassung bezeichneten Kennlinie interessant, und man kann den Ursprung des Koordinatensystems in den Schnittpunkt dieser Kennlinie mit der Ordinaten legen. Damit wird das Produkt $C \cdot \Delta_0$ in Gl. (25) zu Null, und die Gleichung vereinfacht sich zu

$$\Delta_{e2} = D \cdot \varepsilon_R + C \cdot d(\varepsilon_{sp} - \varepsilon_R) \qquad (26)$$

Die Dehnung des Innenringes ε_R in Gl. (26) läßt sich nach Gl. (16) bestimmen, da der Ring als dünnwandig betrachtet werden kann. Die Spindel hingegen stellt ein dickwandiges Rohr dar, was bei der Berechnung der Dehnung ε_{sp} entsprechend berücksichtigt werden muß.
Nach Boley und Weiner [2] gilt für die Vergrößerung des Halbmessers eines dickwandigen Rohres infolge Erwärmung von innen oder außen die Beziehung

$$u_{(r)} = \frac{\alpha}{r}\left[(1+\nu)\int_a^r T \cdot r\,dr + \frac{(1-\nu)\,r^2 + (1+\nu)\,a^2}{b^2 - a^2}\int_a^b T \cdot r\,dr\right. \qquad (27)$$

Im einzelnen bedeuten:

- u Vergrößerung des Halbmessers an der Stelle r
- a innerer Halbmesser des Rohres
- b äußerer Halbmesser des Rohres
- d äußerer Durchmesser des Rohres
- T Temperatur an der Stelle r
- α Wärmeausdehnungskoeffizient
- ν Querkontraktionszahl

Da in diesem Fall nur die Vergrößerung des äußeren Spindelhalbmessers interessiert, kann $r = b$ gesetzt werden. Zunächst wird das Integral

$$\int_a^b T \cdot r \cdot dr$$

bestimmt. Der Temperaturverlauf in einer einseitig beheizten Rohrwand folgt der Beziehung

$$T_{(r)} = A \cdot \ln r + B \tag{28}$$

wobei sich die Konstanten A und B aus den Randbedingungen ergeben.

Für $r = a$ gilt $T = T_a$, für $r = b$ folgt $T = T_b$

Setzt man diese Werte in Gl. (28) ein, erhält man die Konstanten A und B.

Aus $T_a = A \cdot \ln a + B$ folgt $B = T_a - A \cdot \ln a$,
aus $T_b = A \cdot \ln b + B$ entsprechend $B = T_b - A \cdot \ln b$

Damit ist $A = -\dfrac{T_a - T_b}{\ln \frac{b}{a}}$ und $B = T_a + \dfrac{T_a - T_b}{\ln \frac{b}{a}} \ln a$

Mit diesen Werten wird Gl. (28) zu

$$T_{(r)} = -\frac{T_a - T_b}{\ln \frac{b}{a}} \cdot \ln r + T_a + \frac{T_a - T_b}{\ln \frac{b}{a}} \cdot \ln a \tag{29}$$

und das Integral erhält die Form

$$\int_a^b T \cdot r dr = -\frac{T_a - T_b}{\ln \frac{b}{a}} \int_a^b \ln r \cdot r dr + T_a \int_a^b r \cdot d_r + \ln a \frac{T_a - T_b}{\ln \frac{b}{a}} \int_a^b r dr \tag{30}$$

Nach der Integration und einigen Umformungen ergibt sich

$$\int_a^b T r dr = -\frac{T_a - T_b}{\ln \frac{b}{a}} \left(\frac{b^2}{2} \ln \frac{b}{a} - \frac{b^2 - a^2}{4} \right) + T_a \frac{b^2 - a^2}{2} \tag{31}$$

Setzt man die Lösung des Integrals in Gl. (27) ein, so erhält man die Vergrößerung des Spindelaußendurchmessers zu

$$2\, u_{(r=b)} = \Delta d = d \cdot \alpha \cdot T_a - d \cdot \alpha (T_a - T_b) \left(\frac{b^2}{a^2 - b^2} - \frac{1}{2} \cdot \ln \frac{b}{a} \right) \tag{32}$$

Die Berechnung des Umringes erfolgt nach derselben Ausgangsgleichung – Gl. (27). Da hierbei jedoch nur die Vergrößerung des Innendurchmessers D_i

interessiert, r also gleich a ist, wird das erste Integral in der Gleichung zu Null Es ergibt sich die Beziehung

$$2\,u_{(r=a)} = \Delta D_i = D_i \cdot \alpha \cdot T_a - \frac{D_i \cdot \alpha}{b^2 - a^2} \cdot \frac{T_a - T_b}{\ln \frac{b}{a}} \left(b^2 \cdot \ln \frac{b}{a} - \frac{b^2 - a^2}{2} \right) \quad (33)$$

Die Durchmesservergrößerung der Laufrollen wurde unter Annahme konstanter Temperatur in der bereits beschriebenen Weise berechnet.

Auf Abb. 37 sind die berechneten Betriebsspielwerte bei Beharrungstemperatur im Lager für die eingestellten Ausgangsspiele und Drehzahlen in Form eines Säulendiagrammes dargestellt. Wie man bei einem Vergleich dieser Abbildung mit Abb. 31 erkennt, ergeben sich nach den Messungen ausnahmslos kleinere Betriebsbeispiele. Die Ursache dieser Abweichung ist in den bei der Rechnung vereinfachten Annahmen zu suchen. Spindel und Lageraufnahme wurden als über der Länge gleichmäßig erwärmt angesehen und nur das Temperaturgefälle in radialer Richtung berücksichtigt. Diese Voraussetzung wirkt sich auf das Ergebnis bei dem Lagerbock in stärkerem Maße als bei der Spindel aus.

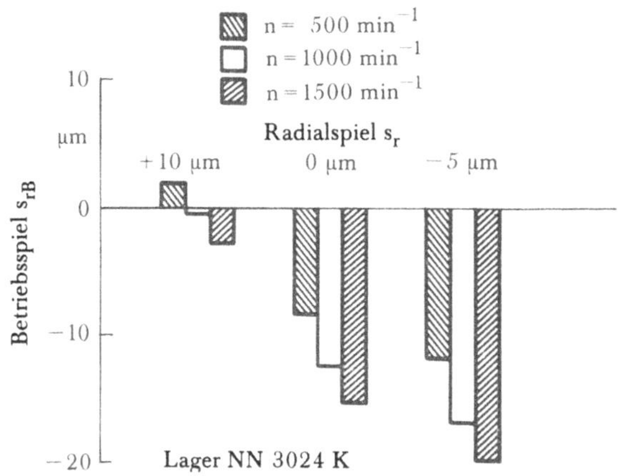

Abb. 37 Nach Boley und Weiner berechnete Betriebsspielwerte

Während die berechneten Durchmessererhöhungen des Innenringes zwischen 12 und 20% über den gemessenen liegen, beträgt diese Abweichung bei dem Außenring zwischen 25 und 40%. Nach der Rechnung dehnt der Außenring sich im Vergleich zur Spindel also bedeutend stärker als nach der Messung. Die sich nach der Messung ergebende Tendenz, daß sich das bei Raumtemperatur eingestellte Spiel im Betrieb verringert, wird jedoch auch von der Rechnung richtig wiedergegeben.

3.9 Berechnung des Betriebsspiels unter Zugrundelegung der Temperaturdifferenz der beiden Laufringe

Zur Berechnung des Betriebsspiels eines Lagers mit Hilfe der Spannungs-Dehnungs-Gleichungen ist eine möglichst genaue Kenntnis des Temperaturverlaufes in den Lagerumbauteilen Voraussetzung, welcher nur durch relativ aufwendige Versuche bestimmt werden kann. Bei bekannter Temperatur von Innen- und Außenring läßt sich das Betriebsspiel nach der einfachen Beziehung

$$s_{rB} = s_r - \alpha \,(d_m \cdot \Delta T_R - d_w \cdot \Delta T_w) \qquad (34)$$

bestimmen. Es bedeuten

d_m Teilkreisdurchmesser des Lagers,

ΔT_R Temperaturdifferenz zwischen den beiden Laufringen,

ΔT_w Temperaturerhöhung der Wälzkörper gegenüber Raumtemperatur.

Die nach dieser Näherungsformel berechneten Betriebsspielwerte zeigt das Diagramm auf Abb. 38. Wie man sieht, stimmen sie mit den Meßergebnissen (Abb. 31) wesentlich besser überein als die über die Gleichungen nach Boley und Weiner ermittelten Werte, vor allem bei den gebräuchlichen Radialspielen von 0 μm und — 5 μm.

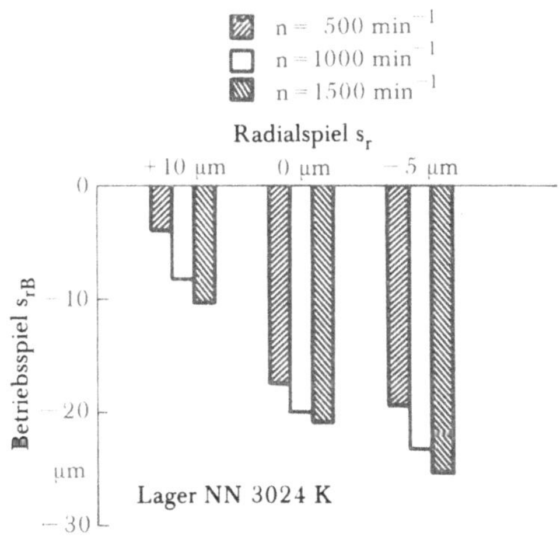

Abb. 38 Nach der Näherungsformel berechnete Betriebsspielwerte

Daraus darf jedoch nicht der Schluß gezogen werden, daß die nach Gl. (27) berechneten Betriebsspiele den in der Praxis auftretenden Verhältnissen grundsätzlich näher kommen als die nach Boley und Weiner berechneten Ergebnisse. Die im vorliegenden Fall bessere Übereinstimmung dürfte auf den Aufbau des verwendeten Prüfstandes zurückzuführen sein.

Die beiden Spindellager sind in zwei getrennten Böcken aufgenommen. Der mittlere Spindelteil wird dadurch von der umgebenden Luft, deren Temperatur der Raumtemperatur entspricht, stärker gekühlt als beispielsweise in einem geschlossenen Getriebekasten. In diesem ist die Kühlung der Spindel durch die von den Lagern und Getrieberädern erwärmten Luft geringer, so daß man für diesen Fall u. U. nach den komplizierteren Gleichungen von BOLEY und WEINER genauere Ergebnisse erhält.

Die in Abschnitt 3.8 beschriebenen praktischen und theoretischen Untersuchungen haben ergeben, daß sich das Radialspiel eines Wälzlagers im Betrieb gegenüber dem bei Raumtemperatur eingestellten Wert verringert. Diese Erscheinung ist auf die durch die Konstruktion der Lageraufnahme bedingte bessere Ableitung der am Außenring entstehenden Wärme zurückzuführen. Als Folge dieser Spielverringerung zeigt das Lager bei Erwärmung niedrigere Verformungen als bei Raumtemperatur.

Wie aus Abschnitt 3.7 hervorgeht, ergeben sich bereits bei einem Ausgangsspiel von $s_r = + 10\ \mu m$ je nach der eingestellten Drehzahl im Beharrungszustand Vorspannwerte zwischen $s_r = - 7\ \mu m$ und $s_r = - 15\ \mu m$. Das bedeutet, daß die im kalten Maschinenzustand gemessene Lagerfederung nicht als Kriterium für das Verhalten des Lagers im Betrieb herangezogen werden darf. Einen Überblick über das Betriebsverhalten geben nur die bei Vorspannwerten über — 5 µm gemessenen Federkennlinien.

Die Untersuchungen zeigen weiterhin, daß die Spielverringerung $n = 1500\ \text{min}^{-1}$ mindestens 15 µm beträgt. Aus diesem Grunde können die Lager von Maschinen mit schnellaufender Spindel und kleinem Drehzahlbereich, z. B. Automaten, bei der Montage mit positivem Spiel eingestellt werden, da eine Erhöhung der Vorspannung auf Werte über — 10 µm bis — 15 µm praktisch keine Verbesserung des Federungsverhaltens mehr mit sich bringt. Bei Drehbänken ist jedoch wegen der häufig erforderlichen geringen Spindeldrehzahlen, z. B. zum Gewindeschneiden, eine spielfreie Lagereinstellung oder geringe Vorspannung zweckmäßig.

4. Steifigkeit von hydrostatischen Lagern für Hauptspindellagerungen

Bei der Ermittlung der Steifigkeit, Tragfähigkeit und Verlagerungen von hydrostatischen Lagern für Spindellagerungen hat man einen großen Vorteil gegenüber hydrodynamischen Lagern. Weil der Öldruck außerhalb des Lagers durch Pumpen erzeugt wird, ist er von der Spindeldrehzahl nahezu unabhängig. Das erlaubt, die Untersuchungen für den Stillstand durchzuführen, was zu Vereinfachungen führt. Die so ermittelten Werte dürfen dann unverändert für jeden Betriebszustand übernommen werden. Beeinflussungen durch hydrodynamische Effekte bei höheren Drehzahlen sind verhältnismäßig gering und werden daher in diesem Zusammenhang nicht behandelt. Aus diesem Grunde ist im weiteren Verlauf dieses Abschnitts immer nur von statischen Kräften beim Stillstand der Spindel die Rede.

4.1 Theoretische Untersuchung der Steifigkeit und Tragfähigkeit von Radiallagern

Die Berechnung von Lagerungen mit planparallelen Flächen, wie sie normalerweise bei Axiallagern vorliegen, ist verhältnismäßig einfach und wurde bereits durchgeführt [4, 7], deshalb wird hier besonderes Gewicht auf die Ermittlung der Tragfähigkeit und Steifigkeit bei Radiallagern gelegt.
Hydrostatische Radiallager können sich prinzipiell in der Ausbildung der Lagerbüchse unterscheiden. Man teilt in Lager mit und ohne Nuten zwischen den Taschen ein. Eine weitere Aufgliederung ergibt sich durch die Verwendung der verschiedenen Ölversorgungssysteme, von denen die Tragfähigkeit und Steifigkeit der Lager stark beeinflußt wird.
Es sollen nun nicht alle möglichen Typen von Lagern untersucht werden; vielmehr beschränken sich die Berechnungen und Versuche auf Lagerausführungen, die für den überwiegenden Teil praktischer Fälle empfehlenswert sind. Die Gründe dafür werden im folgenden näher erläutert.

4.1.1 Ölversorgungssysteme und Lagerbauarten

Es werden prinzipiell 4 Arten der Ölzufuhr unterschieden. Es gibt Lager mit

1. einer Pumpe konstanter Fördermenge für jede Tasche (Q = konst.),
2. gemeinsamer Pumpe für alle Taschen und Kapillaren (laminaren Drosseln) vor jeder Tasche,
3. gemeinsamer Pumpe und Blenden als Vordrosseln,
4. gemeinsamer Pumpe und belastungsabhängigen – also veränderlichen – Vordrosseln (z. B. Membrandrosseln).

Alle Ausführungen mit Vordrosseln haben den Nachteil, daß ein erheblicher Anteil der Druckenergie in den Drosseln vernichtet wird; vom Wirkungsgrad her gesehen ist die Anordnung mit einer Pumpe pro Tasche also günstiger. Außerdem wird bei gemeinsamer Pumpe im allgemeinen der Pumpendruck mit einem Überdruckventil auf einen konstanten Wert eingestellt. Dadurch wird mit dem Pumpendruck auch die Tragfähigkeit der Lager begrenzt.
Einen qualitativen Vergleich der verschiedenen Lagertypen ermöglichen Abb. 39a

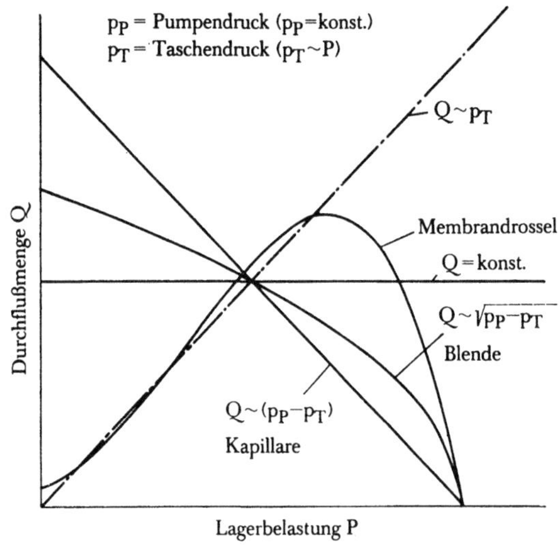

Abb. 39a Durchflußmenge in Abhängigkeit von der Lagerbelastung bei verschiedenen Ölversorgungssystemen

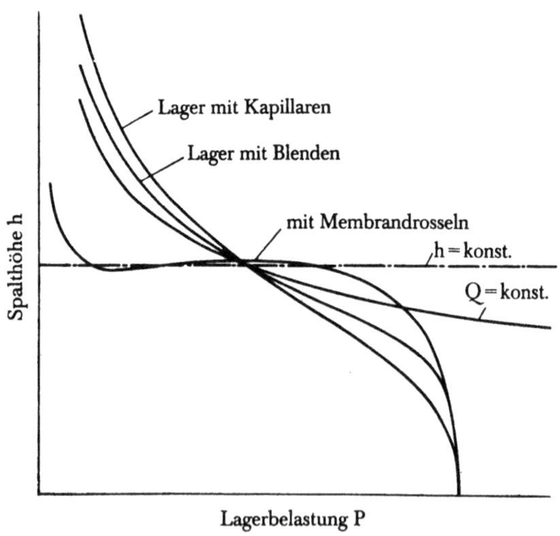

Abb. 39b Änderung der Spalthöhe mit der Belastung bei verschiedenen Ölversorgungssystemen

und 39b. Abb. 39a zeigt die Mengenkennlinien der einzelnen Ölversorgungssysteme. Im Idealfall, d. h., wenn mit zunehmender Lagerbelastung P keine Änderung der Ölspalthöhe h im Lager auftreten soll, muß nach dem Hagen-Poiseuilleschen Gesetz

$$Q = p_T \cdot h^3 \cdot \frac{b}{12 \cdot \eta \cdot l}$$

die Ölmenge proportional zur Last, das heißt aber auch proportional zum Taschendruck, ansteigen. Die ideale Mengenkennlinie ist demnach die Gerade $Q \sim p_T$. Mit zunehmender Abweichung der Mengenkennlinie von dieser Geraden fällt auch die Lagersteifigkeit.
Dem Idealfall am nächsten kommt in einem relativ großen Bereich die Kennlinie der Membrandrossel. Das ist eine lastabhängige Vordrossel, bei der die Drosselspalthöhe in Abhängigkeit vom Taschendruck automatisch ansteigt. Diese lastabhängigen Vordrosseln [3, 9] kommen aber im Zusammenhang mit Radiallagern nur in Sonderfällen zur Anwendung, wenn derart hohe Steifigkeiten tatsächlich erforderlich sind.
Die Ölversorgung mit einer Pumpe pro Tasche (Q = konst.) weist noch eine relativ gute Kennlinie auf. Außerdem besteht der große Vorteil, daß keine Druckenergie in Vordrosseln »verheizt« wird. Weiter wird die Tragfähigkeit nicht durch einen konstant eingestellten Pumpendruck, sondern nur durch den maximal zulässigen Pumpendruck begrenzt. Die Steifigkeit von Lagern mit einer Pumpe pro Tasche ist allerdings viskositätsabhängig, d. h. eine so gespeiste Lagerung wird mit zunehmender Öltemperatur nachgiebiger. Da die Steifigkeit aber sehr groß ist, kann dieser Nachteil in Kauf genommen werden. Aus den genannten Gründen sollen Lager mit dieser Art von Ölzufuhr mit in die Untersuchungen einbezogen werden, obwohl der Aufwand von einer Pumpe für jede Tasche recht hoch erscheint.
Verhältnismäßig schlechte Mengenkennlinien haben die beiden Ölversorgungssysteme mit gemeinsamer Pumpe und konstanten Vordrosseln. Ihrem Verlauf entsprechend ist die Lagerung mit vorgeschalteten Blenden noch geringfügig steifer als die mit Kapillaren.
Die Lagerung mit Blenden hat aber wesentliche Nachteile gegenüber der mit laminaren Vorwiderständen. Blenden oder auch Düsen sind wesentlich schwieriger herzustellen und in der Stärke der Drosselung dem Lager anzupassen als Kapillaren, bei denen Abweichungen des Durchflußquerschnittes leicht durch Veränderung der Drossellänge korrigiert werden können. Außerdem sind die Durchflußquerschnitte von Blenden immer kleiner als die vergleichbarer Kapillaren, so daß eine Blende eher durch Ölverunreinigungen verstopft werden kann.

Ein weiterer Nachteil ist die Viskositätsabhängigkeit der Lagerung mit Blenden. Die Blende selbst weist zwar ein von der Viskosität nahezu unabhängiges Durchflußverhalten auf; da die Strömung durch den Lagerspalt aber direkt von der Viskosität beeinflußt wird, kann das bei steigender Temperatur dünner werdende Öl leichter aus der Lagertasche entweichen als es durch die Blende zufließt.

Dadurch sinkt die Ölspalthöhe über der Tasche. Die Lagerung wird also mit steigender Temperatur nachgiebiger, was besonders bei Werkzeugmaschinen stören kann.
Dagegen ist eine der Lagertasche vorgeschaltete Kapillare in der gleichen Weise viskositätsabhängig wie der durch den Lagerspalt gebildete Strömungswiderstand. Mit steigender Temperatur wird sich also der Durchfluß erhöhen, die Ölspalthöhe und damit auch die Lagersteifigkeit bleiben aber unverändert.
Deshalb, und weil die Ölversorgung mit vorgeschalteten Kapillaren die am wenigsten aufwendige Ausführung darstellt, ist das Lager mit gemeinsamer Pumpe und laminaren Vorwiderständen die häufigste Ausführungsart. Aus diesem Grunde befassen sich die Untersuchungen auch überwiegend mit diesem Lagertyp.

Entsprechend den Abweichungen von der idealen Mengenkennlinie ($Q \sim p_T$) verhält sich die Spalthöhe bei Belastungsänderung. In Abb. 39b ist die Spalthöhe über der Lagerbelastung aufgetragen. Ideal wäre eine gleichbleibende Ölspalthöhe.

Angenähert läßt sich eine konstante Ölspalthöhe, zumindest in einem begrenzten Bereich, mit einer Membrandrossel erreichen.
Die Spalthöhe von Lagern mit einer Pumpe pro Tasche ($Q =$ konst.) ändert sich im mittleren Bereich zwar stärker als bei Lagern mit Membrandrosseln. Man erkennt aber, daß mit steigender Belastung, wenn die Spalthöhe der Lager mit den verschiedenen Vordrosseln schon auf Null abgesunken ist, die Spaltkennlinie einen immer flacheren Verlauf annimmt. Das bedeutet erstens, daß Lager mit einer Pumpe pro Tasche eine sehr hohe Tragfähigkeit und damit eine wesentlich höhere Sicherheit aufweisen als die Ausführungen mit Vordrosseln. Sie können hohe Überlastungen aufnehmen, ohne daß sich die Gleitflächen berühren. Zum anderen zeigt der flacher werdende Verlauf der Kennlinie, daß diese Lager mit steigender Belastung immer steifer werden. Man sieht daraus, daß sich hier eine Vorspannung zur Erhöhung der Steifigkeit geradezu anbietet. Dabei ist eine Vorspannung praktisch gleichbedeutend mit einer Erhöhung des auf dem Lager ruhenden Gewichts. Auch eine Vorspannung durch gegenüberliegende Öltaschen ist möglich.
Man erkennt aus Abb.39b ferner, daß sich die Spalthöhen der Lager mit Kapillaren und Blenden nur geringfügig voneinander unterscheiden.
Die Abb. 39a und 39b gelten exakt für ein frei aufliegendes nicht vorgespanntes Lager. Prinzipiell bestehen aber für eingespannte Lager, also Lager mit gegenüberliegenden Öltaschen oder für mechanisch vorgespannte Lagerungen sowie für Radiallager die gleichen Zusammenhänge.
Von der Gestaltung der Lagerbüchse her sind, wie erwähnt, zwei Lagerformen zu unterscheiden:

a) Lager mit Nuten zwischen den einzelnen Taschen,

b) Lager ohne Nuten.

Bei der Ausführung mit Nuten strömt das Öl allseitig, d. h. in axialer und in Umfangsrichtung aus den Taschen ab. Fehlen die Nuten, tritt das Öl nur axial aus und zwischen unterschiedlich belasteten Taschen fließt in Umfangsrichtung eine

Ausgleichsströmung, die zu einer gewissen Verminderung der Steifigkeit führt. Allerdings wird durch den Fortfall der Zwischennuten die Fläche, auf die der Öldruck wirken kann, größer, wodurch sich die Tragfähigkeit erhöht.
Lager mit Nuten brauchen wegen des allseitigen Ölaustritts mehr Öl als solche ohne Zwischennuten. Bei ungefähr quadratischen Lagern ($L/D = 1$) ist das Verhältnis der Ölmengen etwa 2:1. Geht man davon aus, daß bei Vergleichen der Steifigkeiten als Vergleichsbasis der Aufwand herangezogen wird, so muß man nicht von gleichen Pumpendrücken [6] sondern von gleichen Pumpenleistungen [7] ausgehen. Die Pumpenleistung, also das Produkt aus Druck und Durchflußmenge, ist aber bei gleichen Steifigkeiten für das Lager mit Nuten wegen der hohen Durchflußmengen größer. Da das Lager durch das Einbringen der Nuten außerdem teurer wird, liegt kein Grund vor, diese Bauform zu bevorzugen, wie das teilweise geschehen ist.
Da also hydrostatische Radiallager mit Nuten, wie erläutert, eher schlechter als solche ohne Nuten sind [3] und auch schon berechnet wurden [7], soll hier nur noch auf Lager ohne Nuten eingegangen werden.
Die Berechnungen und Versuche beschränken sich also auf zwei Typen von Lagern; auf Lager ohne Nuten mit gemeinsamer Pumpe und Kapillaren vor den einzelnen Taschen und auf Lager ohne Nuten mit einer Pumpe für jede Tasche.

4.1.2 Lager ohne Nuten zwischen den Taschen mit Kapillaren als Vorwiderstände

Zunächst sollen hydrostatische Radiallager ohne Nuten mit Kapillaren als Vorwiderstände berechnet werden. Durch die Berechnung soll die Beantwortung folgender Fragen ermöglicht werden:
Wie groß ist die Verlagerung einer hydrostatisch gelagerten Welle oder Spindel unter dem Einfluß statischer Kräfte, bzw. wie groß sind Ölfilmsteifigkeit und Tragfähigkeit der Lagerung?
Welchen Einfluß haben die Abmessungen und die Flächenaufteilung der Lagerung auf diese Größen?
Wie viele Taschen soll ein Radiallager haben; ist eine gerade oder ungerade Taschenzahl zu bevorzugen?
Wie stark ist die Ölfilmsteifigkeit von der Richtung der Belastung in bezug auf die Lage der Taschen abhängig?

4.1.2.1 Berechnungsmethode

Wie oft bei der Berechnung von Durchflußmengen und Drücken in Hydraulikkreisen wird auch hier von der Methode Gebrauch gemacht, einen hydraulischen Widerstand zu definieren

$$R = \frac{p}{Q}$$

Dieser gilt analog zum Ohm'schen Gesetz

$$R = \frac{U}{I}$$

Die Drücke entsprechen also Spannungen und die Durchflußmengen elektrischen Strömen. Diese Methode ermöglicht es, die Hydraulikschaltungen auf analoge elektrische Schaltungen zurückzuführen, mit den aus der Elektrizitätslehre her bekannten »Knoten- und Maschenregeln« zu arbeiten und so Drücke und Durchflußmengen zu ermitteln.

Am Beispiel des Lagers mit vier Öltaschen soll nun die Aufstellung des Schaltplanes erläutert werden. Dabei ist zwischen zwei extremen Belastungsrichtungen zu unterscheiden. Die Belastung kann in Richtung auf die Taschenmitte oder in Richtung auf die Zwischenstegmitte, also zwischen zwei Taschen, weisen. Die Steifigkeiten und Tragfähigkeiten können für diese beiden Richtungen unterschiedlich sein, ebenso die Schaltbilder.

Abb. 40a zeigt ein Lager mit vier Taschen, das in Richtung Stegmitte belastet wird. Das Öl kommt mit dem durch ein Überdruckventil konstant eingestellten Druck p_P von der Pumpe, fließt durch die konstanten Vorwiderstände, die Kapillaren in die Taschen mit dem Druck p_T und von dort durch die engen Lagerspalte, die einen Drosselwiderstand darstellen, axial aus dem Lager in den Rücklauf mit dem Druck Null. Sind die Drücke p_T in den Taschen auf Grund einer

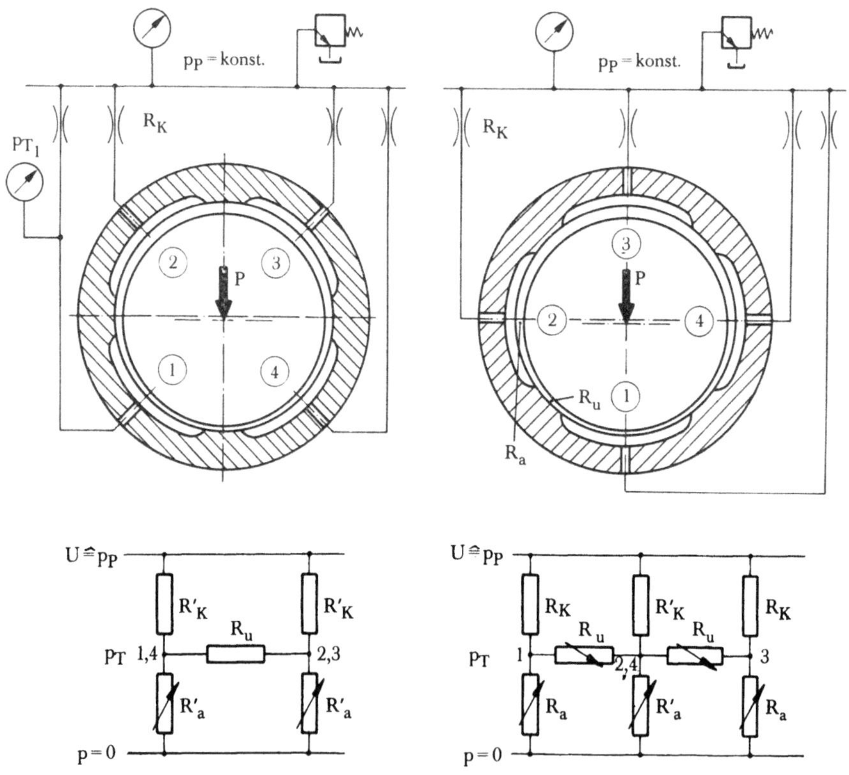

Abb. 40 Hydraulisches und analoges elektrische Schaltbildes für ein Lager mit vier Taschen und Kapillaren
a) Lastrichtung Stegmitte b) Lastrichtung Taschenmitte

äußeren Belastung unterschiedlich, so fließt auch noch Öl über die Stege zwischen den Taschen in Umfangsrichtung.

Entsprechend werden jetzt die Widerstände definiert. Das Öl fließt durch die Kapillarenwiderstände R_K und wird dabei vom Pumpendruck p_P auf den Taschendruck p_T gedrosselt, dann strömt es axial über die Widerstände R_a ab oder fließt, wenn ein Differenzdruck zwischen den Taschen herrscht, über die Umfangswiderstände R_u in eine benachbarte Tasche. Die Senkrechte durch den Querschnitt gilt dabei als Symmetrielinie, d. h. Tasche 1 entspricht Tasche 4 und Tasche 2 entspricht Tasche 3, denn sie werden in gleicher Weise be- oder entlastet. Die entsprechenden Drücke und Widerstände sind ebenfalls gleich. Deshalb läßt sich durch Parallelschalten gleicher Widerstände das Schaltbild so vereinfachen, wie es Abb. 40a zeigt. Im Schaltbild wird durch ein Apostroph hinter dem Widerstand ausgedrückt, daß es sich um die Parallelschaltung von zwei gleichen Widerständen handelt, so ist z. B. $R_K' = 1/2\, R_K$. Die veränderlichen Widerstände sind durch Pfeile gekennzeichnet. Wird die Welle nach unten verlagert, so verengen sich die Spalte der unteren Taschen und der Abströmwiderstand erhöht sich. Das umgekehrte gilt für die oberen Taschen. Dadurch entsteht eine Veränderung der Widerstände in der Schaltung ähnlich wie in einer Wheatstoneschen Brücke. Der Umfangswiderstand R_u steht hier an Stelle des Innenwiderstandes des Meßgerätes zwischen den zwei Knotenpunkten der Brücke. Allerdings ist bei einer Brückenschaltung der Strom zwischen den Knotenpunkten im allgemeinen zu vernachlässigen, weil der Meßgeräteinnenwiderstand sehr hoch ist. Das ist hier nicht der Fall; die Rechnung wird deshalb erschwert.

Ähnlich liegen die Verhältnisse bei der Belastung in Richtung auf die Taschenmitte nach Abb. 40b. Hier treten drei verschiedene Taschendrücke auf; nämlich der Druck in der belasteten Tasche 1, der Druck in den seitlichen Taschen 2 und 4, die in diesem Fall weder be- noch entlastet sind, und der Druck in der entlasteten Tasche 3. Gleiche Drücke herrschen also nur in den Taschen 2 und 4. Das Öl kann aus allen Taschen axial über die Widerstände R_a entweichen, außerdem kann es in Umfangsrichtung über die Widerstände R_u von Tasche 1 nach Tasche 2 und 4 und von dort nach Tasche 3 fließen.

Das Schaltbild 40a gilt auch für Lager mit drei Taschen für beide Belastungsrichtungen. Schaltbild 40b ist auf Lager mit fünf Taschen für beide Richtungen und bei sechs Taschen für die Richtung zwischen zwei Taschen anzuwenden. Treten mehr als drei verschiedene Taschendrücke auf, so muß das Schaltbild erweitert werden. Die Erweiterung erfolgt, indem für jeden zusätzlichen Taschendruck je ein weiterer Kapillaren-, Umfangs- und Axialwiderstand zum Schaltbild hinzugefügt wird, wie es mit dem Schaltbild 40b gegenüber 40a geschehen ist.

Es ist nun sehr naheliegend, die aufwendige Berechnung der Differenzdrücke zwischen gegenüberliegenden Taschen, d. h. der Teilspannungen zwischen entsprechenden Knotenpunkten, auf folgende Weise zu umgehen. Man stellt die Schaltung tatsächlich her, legt eine konstante Spannung an und mißt die Teilspannungen in Abhängigkeit von den Verlagerungen, d. h. von den Widerstandseinstellungen.

Man muß dann die Veränderung der Widerstände für verschiedene Verlagerungen errechnen, in Tabellen erfassen und Punkt für Punkt die Teilspannungen messen. Die Teilspannungen entsprechen den Differenzdrücken zwischen be- und entlasteten Taschen. Diese werden mit den von ihnen beaufschlagten Lagerflächen multipliziert und ergeben so die Lagerlast ($\Delta p \cdot F = P$). Bei der Ermittlung des Zusammenhanges zwischen Belastung und Verlagerung wird also in umgekehrter Richtung vorgegangen. Es wird eine Verlagerung vorgegeben und daraus die Größe der einzelnen Widerstände bestimmt. Mit den Widerstandswerten wird die Schaltung eingestellt und anschließend die Größe der Teilspannungen gemessen. Die Spannungen bzw. Drücke ergeben multipliziert mit den Flächen die Belastungen.

Die Ermittlung der Funktion zwischen Belastung und Verlagerung bzw. Ölspalthöhenänderung erfolgt also prinzipiell in drei Schritten:

1. Berechnung der Widerstände aus den vorgegebenen Verlagerungen.
2. Ermittlung der Spannungen aus den Einzelwiderständen mit Hilfe des Schaltbrettes.
3. Errechnung der Belastungswerte aus den gemessenen Spannungen.

Die einzelnen Schritte sollen jetzt näher erläutert werden. Zur Erklärung des ersten Schrittes dient Abb. 41. Es zeigt, wie sich die Spalthöhe an den einzelnen Stellen des Lagerumfanges mit der Verlagerung, d. h. mit der Exzentrizität e der Welle, ändert. Die Größe des hydraulischen Widerstandes der einzelnen Lager-

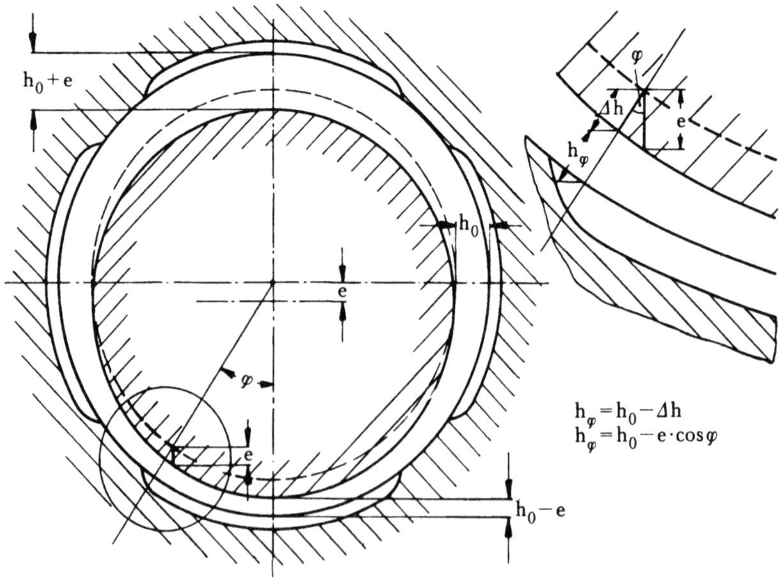

Abb. 41 Spalthöhe und Bezeichnungen im Radiallager

spalte ergibt sich über das Hagen-Poiseuillesche Gesetz für die Strömung im Parallelspalt

$$Q = \frac{p \cdot b \cdot h^3}{12 \cdot \eta \cdot l}.$$

Es war:

$$R = \frac{p}{Q},$$

daraus folgt:

$$R = \frac{12 \cdot \eta \cdot l}{b \cdot h^3}.$$

Die Länge des Spaltes in Strömungsrichtung (l) und die Breite quer zur Strömungsrichtung (b) sind in Abb. 42 eingezeichnet. Die Indices u und a gelten für Umfangs- und Axialströmung. η ist die dynamische Viskosität. Die Widerstände werden also unter der Voraussetzung konstanter Öltemperatur nur durch die Änderung der Ölspalthöhe h beeinflußt.
Die Spalthöhe an der Stelle φ ist nach Abb. 41

$$h\varphi = h_0 - e \cos \varphi$$

oder, wenn man die aus der Gleitlagerberechnung her bekannte relative Exzentrizität

$$\chi = \frac{e}{h_0}$$

einführt,

$$h\varphi = h_0 (1 - \chi \cos \varphi).$$

Da sich die Spalte der Umfangswiderstände nur über einen kleineren Winkel φ erstrecken, kann man hier einen mittleren Winkel φ, nämlich den Winkel φ der Stegmitte einsetzen (Mitte von l_u, vgl. Abb. 42). Der Umfangswiderstand ist demnach:

$$R_u = \frac{12 \cdot \eta \cdot l_u}{b_u \cdot h_0^3 \cdot (1 - \chi \cdot \cos \varphi)^3}$$

Etwas aufwendiger ist die Berechnung der axialen Abströmwiderstände. Hier nimmt die Abströmbreite nach jeder Seite $\left(\frac{b_a}{2}\right.$, vgl. Abb. 42$\left.\right)$ einen so großen Winkel φ ein, daß eine mittlere Spalthöhe h_m durch Integration ermittelt werden muß. Die Integrationsgrenzen φ_1 und φ_2 werden von Stegmitte zu Stegmitte gerechnet. Für vier Taschen wäre demnach

$$\varphi_1 - \varphi_2 = \frac{\pi}{2} \quad \text{und} \quad \frac{b_a}{2} = (\varphi_1 - \varphi_2) \cdot r = \frac{\pi}{2} \cdot r.$$

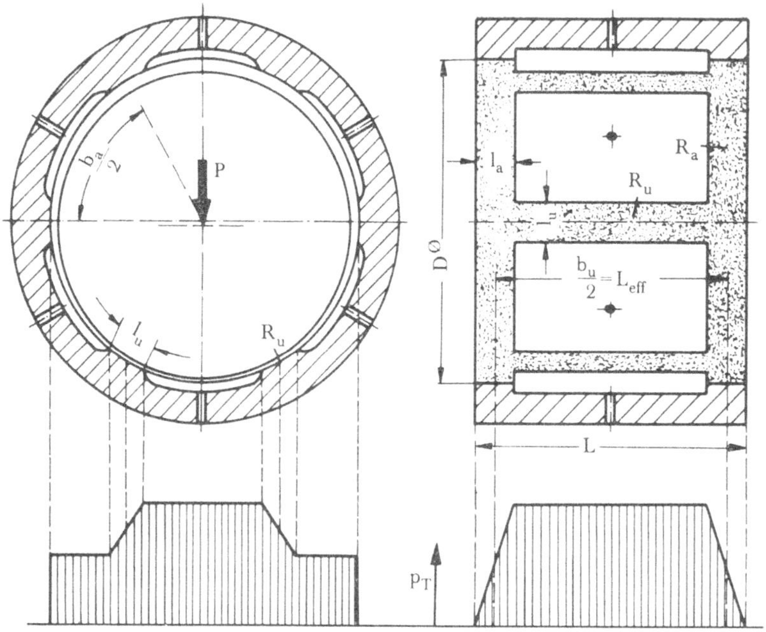

Abb. 42 Bezeichnungen und Druckaufbau im Radiallager

Dann ist jetzt:

$$\int_{\varphi_1}^{\varphi_2} h\varphi \cdot r \cdot d\varphi = \frac{b_a}{2} \cdot h_m$$

und $h\varphi$ eingesetzt:

$$h_m = \frac{2 \cdot h_0 \cdot r}{b_a} \cdot \int_{\varphi_1}^{\varphi_2} (1 - \chi \cdot \cos \varphi)\, d\varphi .$$

Der axiale Abströmwiderstand wäre also:

$$R_a = \frac{12 \cdot \eta \cdot l_a}{b_a \cdot h_m^3} .$$

Diesen Ansatz macht PEEKEN [5] bei der Berechnung von Auslenkungen hydrostatischer Radiallager. Für kleine Verlagerungen ist er auch vollkommen ausreichend. Bei stärkeren Verlagerungen ($\chi > 0{,}5$) ergeben sich dabei aber Abweichungen und bei der Berechnung der Tragfähigkeit ($\chi = 0{,}9$–$1{,}0$) größere Fehler.

Das liegt daran, daß, um exakt zu sein, zur Ermittlung des Widerstandes nicht der Wert h_m^3 sondern ein Mittelwert aus den dritten Potenzen des Lagerspaltes an den verschiedenen Stellen φ gebildet werden muß, also nicht h_m^3 sondern $(h^3)_m$.

Das Integral heißt also:

$$\int_{\varphi_1}^{\varphi_2} h_\varphi^3 \cdot r \cdot d\varphi = \frac{b_a}{2} \cdot (h^3)_m$$

und wenn $h\varphi$ eingesetzt wird:

$$(h^3)_m = \frac{2 \cdot r \cdot h_0^3}{b_a} \cdot \int_{\varphi_1}^{\varphi_2} (1 - \chi \cdot \cos \varphi)^3 \, d\varphi .$$

Damit wird der axiale Abströmwiderstand:

$$R_a = \frac{12 \cdot \eta \cdot l_a}{2 \cdot r \cdot h_0^3 \cdot \int_{\varphi_1}^{\varphi_2} (1 - \chi \cdot \cos \varphi)^3 \, d\varphi .}$$

Diese Beziehung wird in der weiteren Berechnung benutzt. Die Wiederstände R_a und R_u können damit in Abhängigkeit von der Verlagerung berechnet werden. Jetzt muß noch die Größe der Vorwiderstände festgesetzt werden. Das Verhältnis zwischen Vorwiderstand und Taschenwiderstand $\xi = \frac{R_K}{R_{T_0}}$ soll bei allen Berechnungen konstant auf dem Wert $\xi = 1$ gehalten werden. Der Index 0 besagt dabei, daß sich die Welle in Mittellage befindet, also die Belastung gleich Null ist. R_{T_0} ist der Widerstand der ganzen Öltasche gegen das Ausströmen des Öles nach außen. Da im unbelasteten Zustand (Index 0) nur axial Öl ausfließt, gilt $R_{T_0} = R_{a_0}$ und damit

$$\xi = \frac{R_K}{R_{a_0}} .$$

Der Wert $\xi = 1$ ist nach ROHS [6] optimal. SCHLOTTERBECK [7] gibt unter Berücksichtigung der Pumpenleistung als Vergleichsbasis höhere Werte an ($\xi = 2$–3). Da das Optimum aber sehr flach ist, soll lieber der Wert $\xi = 1$ verwendet werden, da er niedrigere Pumpendrücke ergibt, was der Lebensdauer der Pumpen zugute kommt.

$\xi = 1$ bedeutet, daß im unbelasteten Zustand der Pumpendruck doppelt so hoch wie der Taschendruck ist. Damit können nun Tabellen für R_K, R_u und R_a aufgestellt werden. R_u und R_a werden dabei in Funktion von der Exzentrizität e bzw. der relativen Exzentrizität χ angegeben ($\chi = 01,; 0,2...1,0$).

Nun schließt sich als zweiter Schritt die Ermittlung der Spannungs- bzw. der Druckdifferenzen aus den Widerständen mit Hilfe des Schaltbrettes an.

Es wurde ein einfaches Schaltbrett aus konstanten Widerständen und Potentiometern zusammengesetzt. Die tabellarisch errechneten Widerstände wurden Wert für Wert eingestellt und mit einem Ohmmeter überprüft. Als Spannungsquelle diente eine Konstantspannungsquelle von 10 Volt. Die Teilspannungen wurden

mit einem sehr genauen digitalen Voltmeter bequem gemessen. Einzelne Werte wurden mit Hilfe der bekannten »Knoten- und Maschenregeln« auch rechnerisch ermittelt, um die Genauigkeit des Meßaufbaus zu überprüfen. Es ergaben sich praktisch keine Abweichungen.
Im dritten Abschnitt werden nun die mit Hilfe des Schaltbildes gemessenen Spannungen umgerechnet, um die zu den einzelnen Widerstands- bzw. Verlagerungswerten gehörigen Belastungen zu erhalten.
Die gemessenen Spannungsdifferenzen ΔU werden durch die an der Schaltung anliegende Spannung dividiert. Wegen der bestehenden Analogie gilt dann:

$$\frac{\Delta U}{U} = \frac{\Delta p}{p_P}$$

Dabei ist Δp die Druckdifferenz zwischen gegenüberliegenden Taschen.

Für die gesamte Lagerlast gilt:

$$P = \Sigma\,(\Delta p_T \cdot F_{\text{eff}_T})$$

F_{eff_T} ist die effektive Fläche einer Tasche oder eines Taschenstückes, das von dem Differenzdruck Δp_T in Lastrichtung beaufschlagt wird. Da der Taschendruck, wie Abb. 42 zeigt, über den Stegen linear auf den Außendruck Null abfällt, werden zu der Länge und Breite der Taschen noch die Hälfte der Stegbreiten hinzugerechnet, um zu Länge und Breite der effektiven Fläche zu gelangen.
Die Linearität des Druckabfalls über den Stegen trifft zwar für die Ecken der Taschen nicht ganz zu, da diese Flächenstücke aber im Verhältnis zur Gesamtfläche klein sind, wird diese Tatsache vernachlässigt.
Die effektive Fläche einer Tasche ist demnach:

$$F_{\text{eff}_T} = L_{\text{eff}} \cdot \Delta D$$

Dabei ist ΔD der Teil des Durchmessers, der von der betreffenden Tasche eingenommen wird.
Damit wird

$$P = \Sigma\,(\Delta p_T \cdot \Delta D) \cdot L_{\text{eff}}$$

Dieser Zusammenhang soll an Hand von Abb. 43 weiter erklärt werden. Das Beispiel zeigt schematisch den Querschnitt durch ein Lager mit fünf Taschen. Es treten drei verschiedene Drücke auf, nämlich p_1, $p_2 = p_5$ und $p_3 = p_4$. Daraus ergeben sich zwei unterschiedliche Differenzdrücke. Die Durchmesserstücke D, die der Breite der effektiven Fläche entsprechen, ergeben sich aus den Winkelfunktionen, sie können durch eine Konstante ersetzt werden ($\Delta D = k_1 \cdot D$), so daß sich die in der Abbildung angegebene Gleichung für die Belastung P ergibt.

Bei der Berechnung werden natürlich nur senkrecht zur Belastung liegende Flächenstücke berücksichtigt. Ebenso entfallen selbstverständlich Taschen oder Taschenabschnitte bei denen der gleiche Druck in beiden Richtungen wirkt. Die Summe von ΔD ist deshalb nicht unbedingt gleich dem Lagerdurchmesser D. So werden z. B. beim Lager mit vier Taschen, das in Richtung auf Taschenmitte belastet wird (s. Abb. 40b) die seitlichen Taschen (2 und 4) nicht berücksichtigt.

Bezieht man nun, um eine dimensionslose Schreibweise zu erhalten, die Belastung auf die konstanten Größen p_P, D und L_{eff}, so erhält man aus der Gleichung für P (vgl. Abb. 43) die bezogene Belastung:

$$\frac{P}{p_P \cdot D \cdot L_{eff}} = \frac{\Sigma(\Delta p \cdot k)}{p_P}.$$

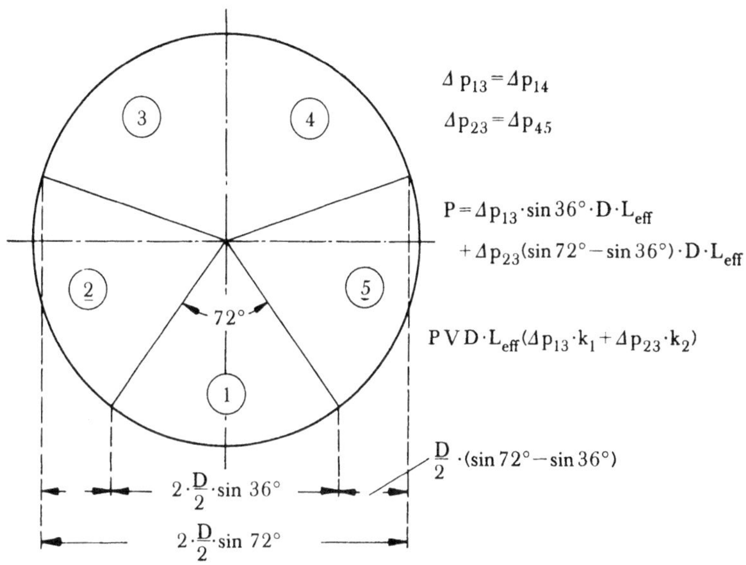

Abb. 43 Druck und Belastung beim Lager mit fünf Taschen (schematisch)

Bei der Berechnung hydrodynamischer Lager ist es üblich, mit einem mittleren Lagerdruck $\bar{p}$ zu rechnen.
Es gilt:

$$\bar{p} = \frac{P}{D \cdot L}.$$

Die bezogene Belastung entspricht also ungefähr dem Quotienten:

$$\frac{\bar{p}}{p_P} = \frac{P}{p_P \cdot D \cdot L}.$$

Die Verwendung der Größe L_{eff} an Stelle der Lagerlänge L ist hier notwendig, weil dadurch der Zusammenhang zwischen Druck und Belastung gegeben ist. Hiermit wird außerdem eine weitere Lagergröße erfaßt (l_a). Es gilt nämlich nach Abb. 42

$$L_{\text{eff}} = L - l_a \,.$$

In den drei beschriebenen Schritten wurde also folgende Beziehung zwischen Verlagerung (e) und Belastung ermittelt:

$$\chi = \frac{e}{h_0} = f\left(\frac{P}{p_P \cdot D \cdot L_{\text{eff}}}\right).$$

Diese Funktion kann nun in Diagrammform dargestellt werden.

Die Größen beider Koordinaten sind dimensionslos. Da sie auf konstante Lagerdaten bezogen wurden ($h_0, p_P, D, L_{\text{eff}}$), sind die Diagramme für jede Dimension und Abmessung anwendbar. Nach Festsetzung der Konstanten kann die Verlagerung bei einer bestimmten Last direkt abgelesen werden.

Das Verhältnis zwischen Vorwiderstand und Lagerspaltwiderstand war mit

$$\xi = \frac{R_K}{R_{T_0}} = \frac{R_K}{R_{a_0}} = 1$$

festgesetzt worden.

Alle Größen des Widerstandes

$$R_{a_0} = \frac{12 \cdot \eta \cdot l_a}{b_a \cdot h_0^3}$$

sind in den Größen der beiden Koordinaten enthalten, bis auf die Viskosität η, die aber keine Rolle spielt, da, wie erwähnt, alle Widerstände in gleicher Weise viskositätsabhängig sind. Es war: $l_a = L - L_{\text{eff}}$, außerdem gilt $b_a \cdot z = 2 \cdot \pi \cdot D$, wobei z die Anzahl der Öltaschen ist.

Bei gleichem axialen Widerstand R_a können je nach Lagerform selbstverständlich unterschiedliche Umfangswiderstände R_u auftreten. Diese Tatsache muß bei der Berechnung und der Aufstellung der Diagramme berücksichtigt werden. Deshalb wird das Widerstandsverhältnis $\varkappa$ als Parameter eingeführt.

Es gilt:

$$\varkappa = \frac{R_{a_0}}{R_{u_0}} = \frac{\dfrac{12 \cdot \eta \cdot l_a}{b_a \cdot h_0^3}}{\dfrac{12 \cdot \eta \cdot l_u}{b_u \cdot h_0^3}} = \frac{l_a \cdot b_u}{l_u \cdot b_a}\,.$$

Durch die Einführung von $\varkappa$ werden also die restlichen Lagerabmessungen nach Abb. 42 erfaßt. Formt man diese Gleichung mit den Beziehungen, die sich aus Abb. 42 ergeben, etwas um, so ergibt sich für $\varkappa$

$$\varkappa = \frac{l_a \cdot z}{l_u \cdot \pi} \cdot \frac{L_{\text{eff}}}{D}\,.$$

Man sieht also, daß der Parameter $\varkappa$ unter anderem das Verhältnis zwischen Länge und Durchmesser wiedergibt.
$L/D = 0$, das ist $\varkappa = 0$, bedeutet ein scheibenförmiges Lager. Mit zunehmender Lagerlänge wird $\varkappa$ größer. Außerdem ist der Parameter von der Flächenaufteilung der Lagerbüchse (l_a, l_u) und von der Taschenzahl z abhängig.

4.1.2.2 Diagramme zur Ermittlung der Verlagerungen

Die folgenden Abb. 44–48 zeigen nun die relative Verlagerung in Abhängigkeit von der bezogenen Belastung für Lager von drei bis sieben Taschen, jeweils für die beiden extremen Belastungsrichtungen. Mit Hilfe dieser Abbildungen sollen die eingangs aufgeworfenen Fragen beantwortet werden.
Mit länger werdendem Lager steigt der Einfluß der Ausgleichsströmung zwischen den Taschen, da der Strömungsquerschnitt zwischen den Taschen größer wird. Es ist also erklärlich, daß alle Diagramme für größere Parameter

$$\varkappa = \frac{l_a \cdot z \cdot L_{\text{eff}}}{l_u \cdot \pi \cdot D}$$

auch höhere Verlagerungen zeigen. Es empfiehlt sich deshalb auch, die Stege zwischen den Taschen nicht zu schmal zu machen, denn dieses Maß (l_u) geht umgekehrt proportional in $\varkappa$ ein.
Die Taschenzahl ist von geringem Einfluß auf die Verlagerungen und ein grundsätzlicher Unterschied zwischen Lagern mit gerader und ungerader Taschenzahl ist auch nicht festzustellen. Mit steigender Taschenzahl werden die Unterschiede immer geringer. So sind zwischen fünf, sechs und sieben Taschen kaum noch Abweichungen festzustellen.
Die Richtungsabhängigkeit der Steifigkeit zeigt sich sehr stark beim Lager mit drei Taschen. Beim Belastungsfall *a* (Last in Richtung Stegmitte) hat das Lager eine ganz unzureichende Steifigkeit, bei Belastung auf Taschenmitte (*b*) sind die Verlagerungen wesentlich kleiner. Das bedeutet, daß ein Lager mit drei Taschen nur da eingesetzt werden sollte, wo feststeht, daß die Belastung immer in Richtung Taschenmitte auftritt. Besonders für umlaufende Belastungen ist die Zahl von drei Taschen ungeeignet. So könnte sich bei einem Bohrwerk mit hydrostatischer Pinolen- oder Spindellagerung die Richtungsabhängigkeit der Steifigkeit dadurch unangenehm bemerkbar machen, daß eine ausgedrehte Bohrung keine Kreisform sondern eher ein Polygon darstellt. Allerdings wird die Unrundheit maximal einige µm betragen.
Dieser Fehler dürfte bei vier Taschen kaum noch auftreten. Zwar sind die Verlagerungen im Bereich großer Exzentrizitäten besonders bei großen Parametern $\varkappa$ auch noch unterschiedlich, im Bereich kleiner Auslenkungen ($\chi < 0{,}3$) ergeben sich aber nur unbedeutende Unterschiede zwischen beiden Belastungsrichtungen. Dieser Bereich dürfte durch das Gebiet der Bearbeitung, in dem es auf hohe Genauigkeiten ankommt, kaum überschritten werden, da bei der Feinbearbeitung keine großen Kräfte auftreten. Die Richtungsabhängigkeit der Steifigkeit ist also

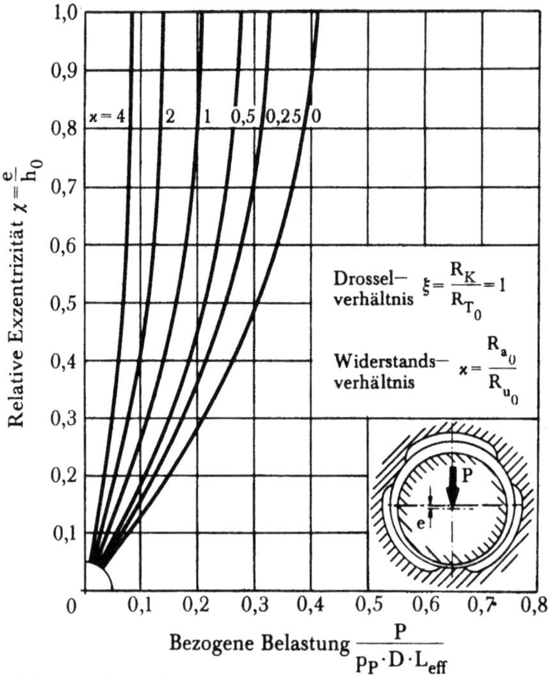

a) Lastrichtung Stegmitte

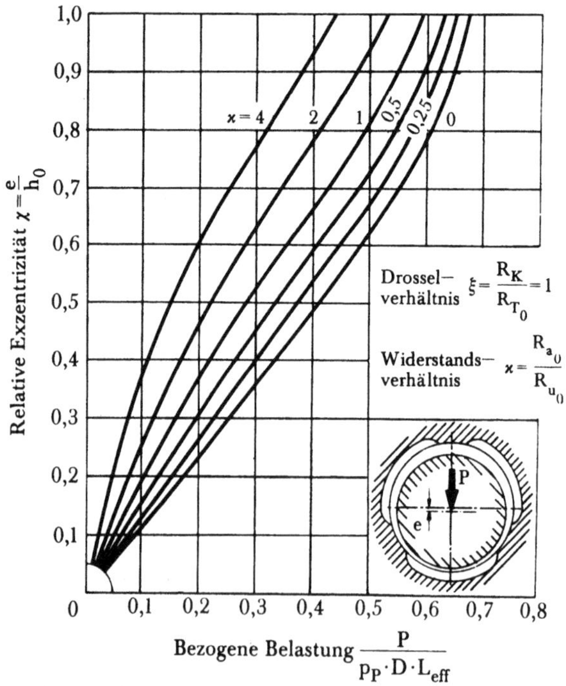

b) Lastrichtung Taschenmitte

Abb. 44 Verlagerung beim Lager mit drei Taschen

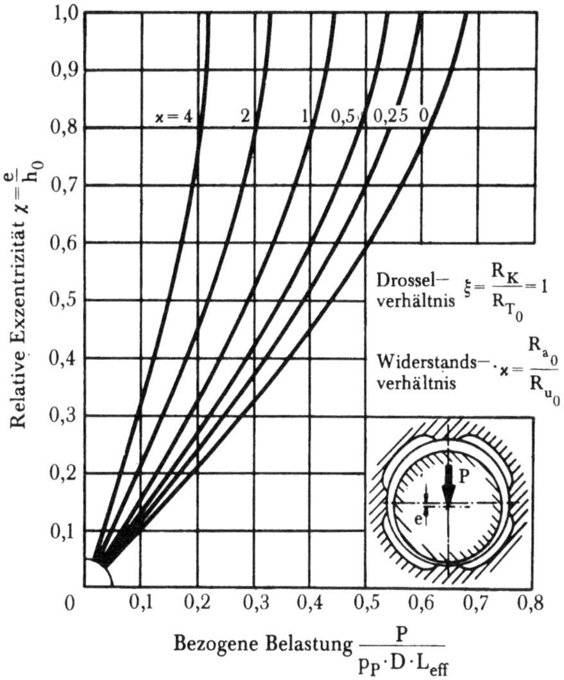

a) Lastrichtung Stegmitte

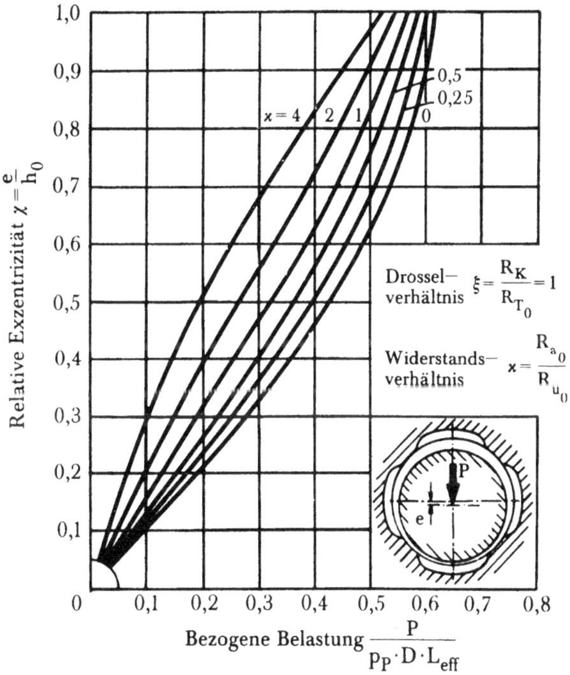

b) Lastrichtung Taschenmitte

Abb. 45 Verlagerung beim Lager mit vier Taschen

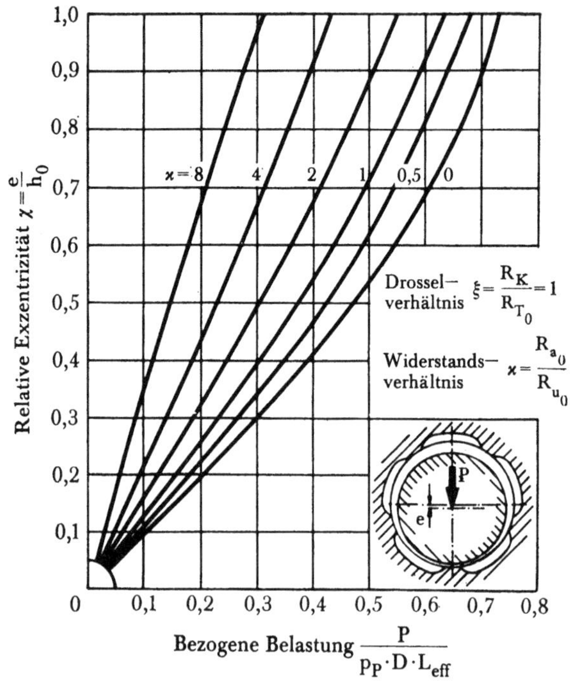

a) Lastrichtung Stegmitte

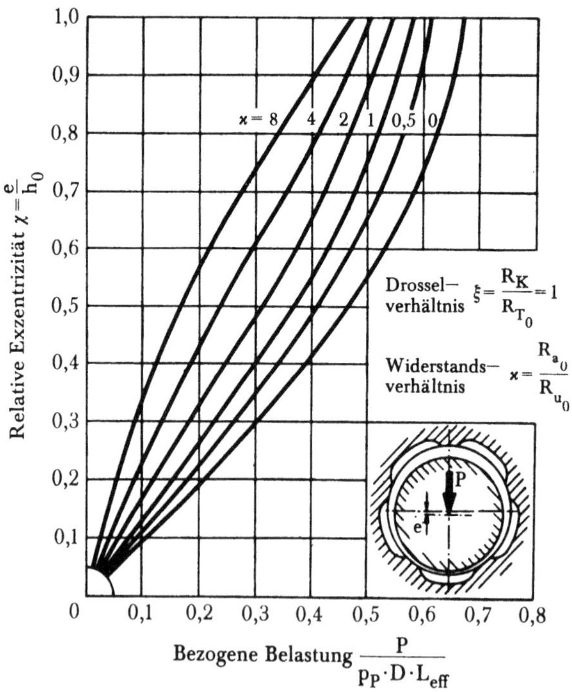

b) Lastrichtung Taschenmitte

Abb. 46 Verlagerung beim Lager mit fünf Taschen

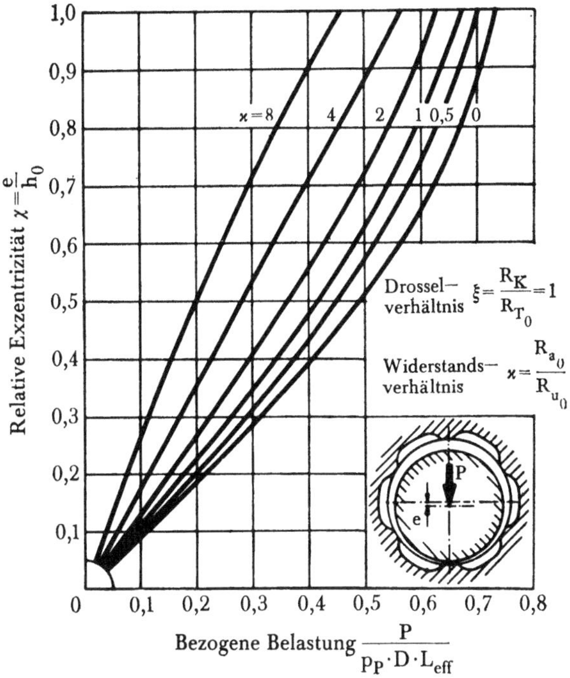

a) Lastrichtung Stegmitte

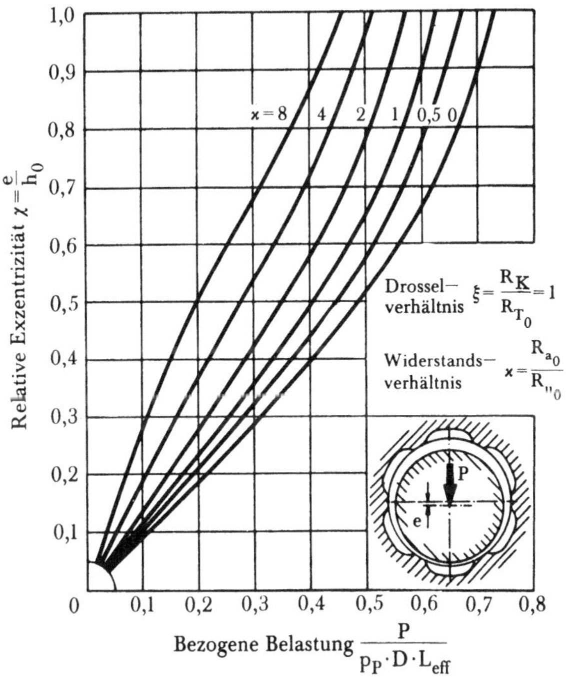

b) Lastrichtung Taschenmitte

Abb. 47 Verlagerung beim Lager mit sechs Taschen

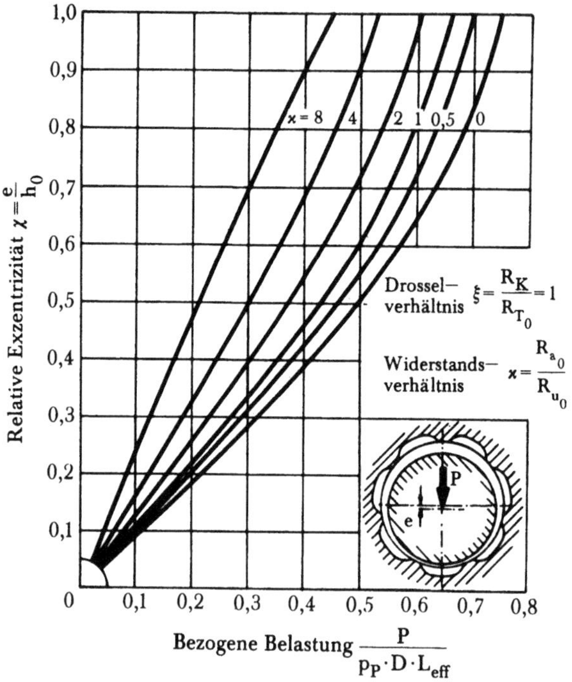

a) Lastrichtung Stegmitte

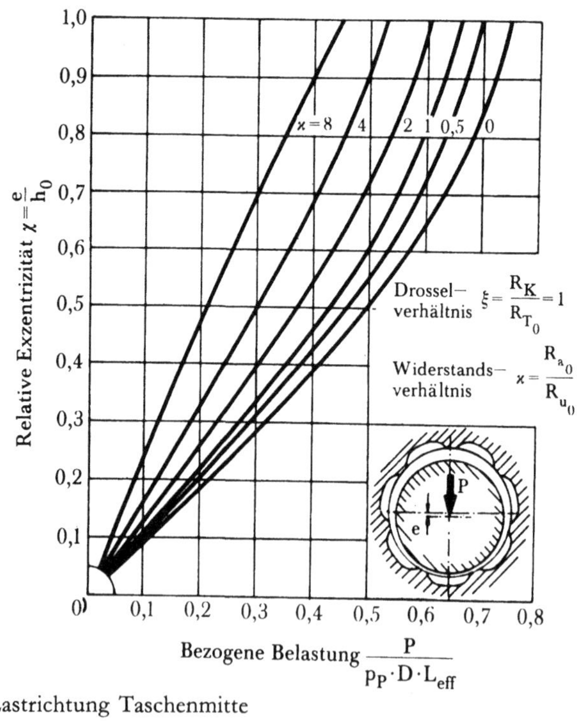

b) Lastrichtung Taschenmitte

Abb. 48 Verlagerung beim Lager mit sieben Taschen

kein Grund dafür, hydrostatische Lagerungen mit mehr als vier Taschen zu versehen.
Bei einem Vergleich der verschiedenen Verlagerungskennlinien ist, wie erwähnt, zu beachten, daß der Parameter $\varkappa$ von der Taschenzahl abhängt. Abgesehen von $\varkappa = 0$ können nicht ohne weiteres die Kurven gleicher $\varkappa$-Werte für unterschiedliche Taschenzahlen miteinander verglichen werden.
Es war

$$\varkappa = \frac{l_a \cdot b_u}{l_u \cdot b_a}.$$

Die axiale Abströmbreite b_a (s. Abb. 42) wird mit steigender Taschenzahl durch ein immer kleineres Stück des Lagerumfanges dargestellt $\left(b_a = \frac{2 \cdot \pi \cdot D}{z}\right)$. Das Gleiche gilt für l_u unter der Voraussetzung, daß sich das Verhältnis zwischen Taschenbreite und Stegbreite (l_u) in Umfangsrichtung nicht ändern soll, also auch das Verhältnis zwischen Taschen- und Stegfläche bei allen Taschenzahlen gleich bleibt.
Sowohl für b_a als auch für l_u gilt also

$$b_a = \frac{\text{konst.}}{z} \quad \text{bzw.} \quad l_u = \frac{\text{konst.}}{z}.$$

Da beide im Nenner des Ausdruckes für $\varkappa$ stehen, muß demnach sein, wenn die Summe der Stegflächen bei allen Taschenzahlen die gleiche bleiben soll,

$$\varkappa \sim z^2.$$

Nur wenn die Summe der Stegflächen gleich bleibt, tritt auch bei Lagern mit unterschiedlichen Taschenzahlen z dieselbe Reibung auf, so daß die Lager hinsichtlich ihres Leistungsbedarfes vergleichbar sind.
Zwischen vergleichbaren Parametern $\varkappa$ von Lagern mit den Taschenzahlen $z = m$ bzw. $z = n$ besteht also die Beziehung

$$\varkappa_m = \varkappa_n \cdot \left(\frac{m}{n}\right)^2.$$

Das heißt z. B., daß $\varkappa = 1$ bei drei Taschen mit $\varkappa = 4$ bei sechs Taschen verglichen werden muß. Unter diesen Voraussetzungen besteht kaum ein Unterschied zwischen den Steifigkeiten der Lager mit verschiedenen Taschenzahlen. Lediglich das Lager mit drei Taschen fällt aus dem Rahmen, da die Verlagerungen hierbei stark von der Belastungsrichtung abhängig sind.

4.1.2.3 Näherungslösung zur Ermittlung der Steifigkeit

Da die Verlagerungskurven (Abb. 44–48) in erster Näherung alle als divergierende Geradenbüschel aus dem Koordinatenursprung kommen, liegt der

Gedanke nahe, die vielen Kurven durch Geraden zu ersetzen. Diese Geraden haben nun bei den verschiedenen Taschenzahlen und Widerstandsverhältnissen unterschiedliche Steigungen. Will man also eine allgemeingültige Geradengleichung aufstellen, so muß man das Steigungsmaß der Geraden durch einen variablen Faktor ausdrücken, der sich aus z und $\varkappa$ zusammensetzt. In einem Diagramm, in dem dieser variable Faktor bereits in einer Koordinate berücksichtigt wird (vgl. Abb. 49) müssen demnach alle Geraden zu einer einzigen zusammenfallen. Das bedeutet aber, daß die vielen Diagramme näherungsweise durch eine einzige Gerade bzw. eine einfache Formel ersetzt werden können.

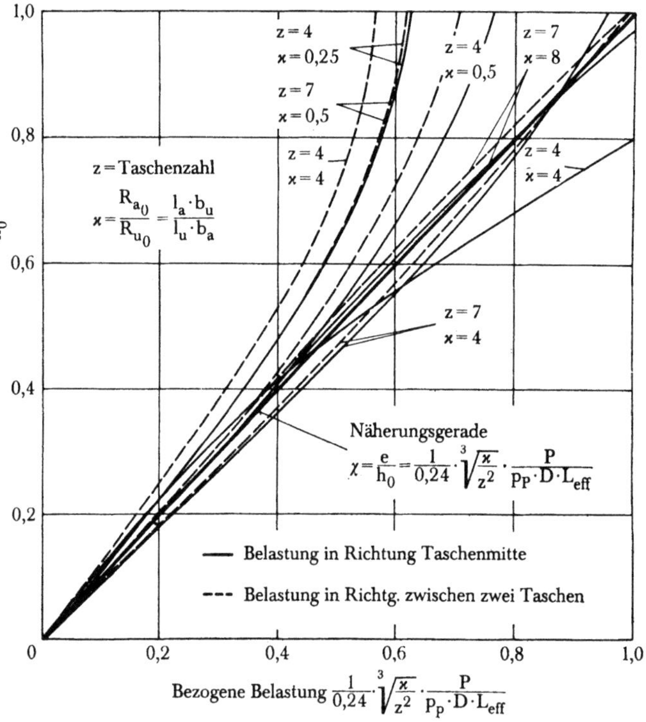

Abb. 49 Vergleich der Verlagerungskurven mit der Näherungsgeraden

Durch graphische Verfahren, auf die hier nicht näher eingegangen werden soll, wurde aus den Kurven der Abb. 44–48 eine Formel entwickelt, die alle Lagergrößen enthält. Aus ihr kann der Einfluß der einzelnen Lagerdaten auf die Verlagerung abgelesen werden. Sie lautet:

$$\chi = \frac{e}{h_0} = \frac{1}{0,24} \cdot \sqrt[3]{\frac{\varkappa}{z^2}} \cdot \frac{P}{p_P \cdot D \cdot L_{eff}}$$

Entsprechend gilt für die Lagersteifigkeit:

$$\boxed{c = \frac{P}{e} = \frac{0{,}24}{h_0} \cdot \sqrt[3]{\frac{z^2}{\varkappa}} \cdot p_P \cdot D \cdot L_{\text{eff}}} \; *$$

Man sieht, daß die Lagersteifigkeit von der Flächenaufteilung ($\varkappa$) beeinflußt wird. Pumpendruck, Durchmesser und effektive Länge sind der Steifigkeit direkt proportional. Die Spalthöhe h_0 ist der Ölfilmsteifigkeit umgekehrt proportional, deshalb wird man das Lagerspiel so klein wählen, wie es im Hinblick auf Fertigungstoleranz und Temperaturentwicklung möglich ist (mit abnehmender Spalthöhe steigt die Lagerreibung).
Natürlich haben diese Gleichungen als Näherungsformeln einen beschränkten Gültigkeitsbereich. Da die Verlagerungen bei Lagern mit drei Taschen stark von der Belastungsrichtung abhängig sind, soll als erste Einschränkung gelten:

$$z \geqq 4$$

Für sehr kleine und sehr große Werte von $\varkappa$ ergeben sich erhebliche Differenzen zwischen den Werten aus den Diagrammen und der Näherungslösung; für $\varkappa = 0$ sind die Gleichungen überhaupt nicht erfüllt. Deshalb gilt als nächste Bedingung

$$\frac{z^2}{100} < \varkappa < \frac{z^2}{5}.$$

In dieser einschränkenden Bedingung für das Widerstandsverhältnis $\varkappa$ muß die Taschenzahl z enthalten sein, da sich, wie erwähnt, $\varkappa$ mit dem Quadrat von z ändert.
Da sich die Kurven der Diagramme mit zunehmender Verlagerung χ teilweise weit von dem für die Näherungslösung vorausgesetzten geraden Verlauf entfernen, soll außerdem gelten:

$$\chi \leqq 0{,}6$$

* Die Steifigkeit von Wälzlagern ergibt sich als Quotient aus der Belastung P und der Federung $f \left(c = \frac{P}{f}\right)$.
Das Lager wird elastisch verformt, so daß eine Feder vorliegt und eine Feder- bzw. Lagersteifigkeit definiert werden darf.
Die Aufnahme der Belastung in hydrostatischen Lagern erfolgt aber keineswegs durch eine elastische Verformung oder Federung. Die Gegenkraft zur Belastung entsteht, wie beschrieben, dadurch, daß eine Auslenkung eine Änderung der Strömungsquerschnitte und damit eine Veränderung der Taschendrücke bewirkt. Da also ähnlich wie bei einer Feder auf Grund einer Verlagerung eine Erhöhung der Rückstellkraft erfolgt, schien es erlaubt, zumindest bei statischen Auslenkungen, eine Lagersteifigkeit zu definieren.
Es muß darauf hingewiesen werden, daß hier im physikalischen Sinne keine Federsteifigkeit vorliegt.

Die für die Gültigkeit der Näherungslösung notwendigen Einschränkungen engen den Bereich der Abmessungen und Ausführungsformen nicht über Gebühr ein, so daß die Näherungslösung nahezu für alle praktischen Fälle anwendbar bleibt.

Die Behauptung läßt sich wie folgt begründen.
Lager mit $\mathfrak{z} < 4$, also mit drei Taschen werden sicher selten ausgeführt.
Die Einschränkung für $\varkappa$ ist ebenfalls nicht zu eng, denn $\varkappa = \frac{\mathfrak{z}^2}{100}$ bedeutet ein nahezu scheibenförmiges Lager. Auf der anderen Seite kommen Werte von $\varkappa = \frac{\mathfrak{z}^2}{5}$ nur noch für sehr lange Lagerungen, z. B. Pinolen und Kolbenführungen, in Frage. Für Radiallager sollte man, um keine zu langen oder zu nachgiebigen Lager zu bekommen, $\varkappa$ noch kleiner wählen. Ein guter Anhalt ist

$$\varkappa < \frac{\mathfrak{z}^2}{10}$$

Ebenso soll man aus Sicherheitsgründen im Normalfall keine größeren Verlagerungen als $\chi = 0{,}6$ zulassen.
Um den Gültigkeitsbereich der Näherungsformel und die auftretenden Abweichungen besser abschätzen zu können, sind in Abb. 49 verschiedene Verlagerungskennlinien und die Näherungsgerade eingezeichnet. Es wurden die extremen Werte ausgewählt, also vier und sieben Taschen und die größten und kleinsten Parameter aus diesen Diagrammen. In den Diagrammen (Abb. 45–48) zeigen die Kurven für die extremen Werte von $\varkappa$ und $\mathfrak{z}$ die größten Abweichungen vom geraden Verlauf. Daher kann angenommen werden, daß hierbei auch die größten Abweichungen auftreten und daß sich für die dazwischenliegenden Werte kleinere Unterschiede zur Näherungslösung ergeben. Deshalb kann man mit Hilfe dieser Darstellung die Gültigkeit der Faustformel gut überprüfen.
Die Abszisse wurde so gewählt, daß die Näherungsgleichung eine Gerade unter 45° ergibt. Die Verlagerungskurven wurden dann aus den Abb. 45–48 in den neuen Abszissenmaßstab umgerechnet. Wäre die Formellösung exakt, so müßten alle Verlagerungskennlinien mit der Geraden zusammenfallen. Die größten Abweichungen zeigt die Kurve für $\mathfrak{z} = 4$ und $\varkappa = 4$. Diese Werte liegen allerdings auch schon außerhalb des vereinbarten Gültigkeitsbereiches, denn es sollte sein:

$$\varkappa < \frac{\mathfrak{z}^2}{5}$$

und es ist:

$$4 > \frac{16}{5}.$$

Die Kurve für $\mathfrak{z} = 7$ und $\varkappa = 0{,}5$ liegt ziemlich genau an der Grenze des Gültigkeitsbereiches. Es sollte gelten:

$$\varkappa > \frac{\mathfrak{z}^2}{100}$$

hier ist

$$0{,}5 > \frac{49}{100}.$$

Diese Kurven stimmen zufällig mit denen für $z = 4$; $\chi = 0{,}25$ überein. Alle anderen Kurven zeigen zumindest im unteren Bereich ($\varkappa < 0{,}6$) geringe Abweichungen von der Näherungsgeraden. Damit wurde gezeigt, daß sich diese Formel für die meisten praktischen Fälle mit hinreichender Genauigkeit anwenden läßt.

4.1.3 Lager ohne Nuten zwischen den Taschen mit einer Pumpe pro Tasche

Aus den Abb. 39a und 39b ging hervor, daß die Steifigkeit und besonders die Tragfähigkeit von Lagern mit einer Pumpe pro Tasche wesentlich größer als bei Lagern mit vorgeschalteten Kapillaren ist.
Rein rechnerisch müßte die Tragfähigkeit nahezu unbegrenzt sein, wenn man eine Mengenkennlinie annimmt, die tatsächlich nach der Funktion $Q =$ konst. verläuft (s. Abb. 39a). In der Praxis ist das natürlich nicht so, weil die Pumpe bei einem bestimmten Maximaldruck versagen wird, oder der Pumpenantriebsmotor überlastet wird.
Der prinzipielle Zusammenhang soll an Abb. 50 erläutert werden. Hier ist die Verlagerung über der Belastung aufgetragen, beides im bezogenen Maßstab und

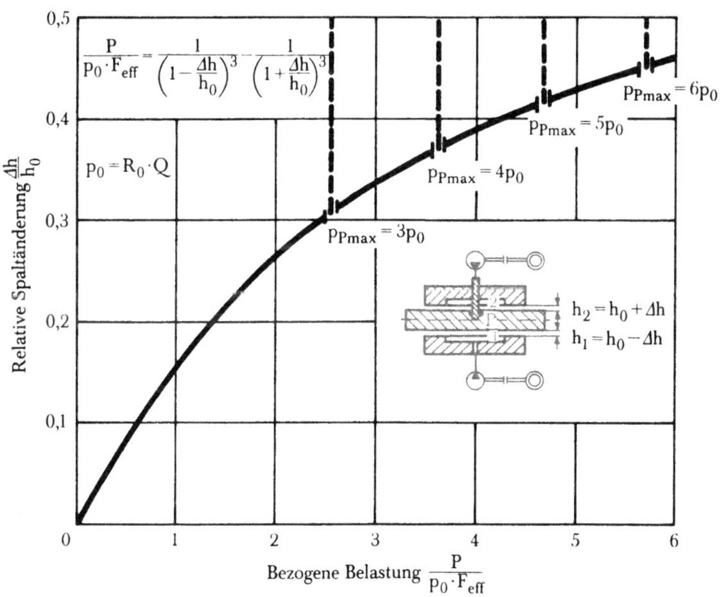

Abb. 50 Verlagerung beim ebenen Lager mit einer Pumpe pro Tasche

damit dimensionslos. Die Kurve gilt, wie das Symbol im Diagramm andeutet, für planparallele Flächen und gegenüberliegende Taschen, die jeweils von einer besonderen Pumpe mit Öl versorgt werden.

Die Funktion der Kurve (links oben in der Abbildung), läßt sich ausgehend von der Hagen-Poiseuilleschen Gleichung leicht errechnen [7]. Beim Lager mit Kapillaren wurde die Belastung auf den konstant eingestellten Pumpendruck p_P bezogen. Hier ist wegen des Fehlens der Vorwiderstände der Pumpendruck gleich dem Taschendruck. Er ändert sich mit der Belastung. Um eine konstante Bezugsgröße zu haben, wird deshalb auf den Druck p_0 im unbelasteten Zustand bezogen, der von den Lagerabmessungen, von der Viskosität des Öles und der Pumpenfördermenge abhängig ist. Durch die senkrechten, gestrichelten Linien ist angedeutet, an welcher Stelle die Tragfähigkeit des Lagers erreicht wird; wenn der maximale Pumpendruck überschritten wird, d. h. wenn der Druck in der belasteten Tasche den drei-, vier- oder mehrfachen Wert des Druckes p_0 übersteigt. Für den Fall, daß die Pumpe an dieser Stelle tatsächlich stehen bliebe, würde der Spalt nach dem Verlauf der gestrichelten Linie zusammensinken. In Wirklichkeit wird die Pumpe wahrscheinlich nicht so abrupt versagen, so daß der Übergang in den senkrechten Verlauf, d. h. von der Kurve in die gestrichelte Gerade, nicht übergangslos erfolgt. Abb. 50 zeigt also, daß die Tragfähigkeit von Lagern mit einer Pumpe pro Tasche stark von der Belastbarkeit der Pumpe beeinflußt wird.

Die Steifigkeit und Tragfähigkeit von Radiallagern wird nun durch die Krümmung der Flächen und durch die Umfangsströmung zwischen den Taschen gegenüber den in Abb. 50 gezeigten Verhältnissen herabgesetzt.

Die Berechnung erfolgt im Prinzip genau wie beim Radiallager mit vorgeschalteten Kapillaren unter Verwendung des gleichen Schaltbrettes. Die Tabellenwerte der Umfangs- und Axialwiderstände können ebenfalls übernommen werden. Im Schaltplan nach Abb. 40 entfallen aber die Vorwiderstände. An Stelle einer Konstantspannungsquelle werden für das Lager mit vier Taschen zwei bzw. drei Konstantstromquellen verwendet. Der konstante Strom entspricht der konstanten Fördermenge ($Q =$ konst.). Es werden wieder die Spannungsdifferenzen zwischen den Punkten gemessen, die den belasteten und entlasteten Taschen entsprechen. Die Belastung wird, wie schon beschrieben, auf den Druck p_0, auf den Lagerdurchmesser und auf die effektive Länge bezogen.

Die so ermittelten Verlagerungskennlinien sind in Abb. 51 wiedergegeben. Die gestrichelten Linien gelten, wie der gestrichelte Pfeil im Symbol andeutet, für die Belastung in Richtung Stegmitte, die durchgezogenen Linien zeigen die Verlagerung bei Belastung in Richtung Taschenmitte. In der Abbildung ist angegeben, durch welche Größen der Druck p_0 beeinflußt wird. Er hängt vom hydraulischen Widerstand der Lagertasche und von der zugeführten Ölmenge ab.

Auf eine Berechnung der Verhältnisse bei Lagern mit drei oder mehr als vier Taschen wurde verzichtet, weil der Einfluß der Taschenzahl bei der Ölversorgung mit einer Pumpe pro Tasche ungefähr die gleiche Tendenz aufweisen dürfte wie bei Lagern mit Vordrosseln. Außerdem wird man, um durch die Anzahl der

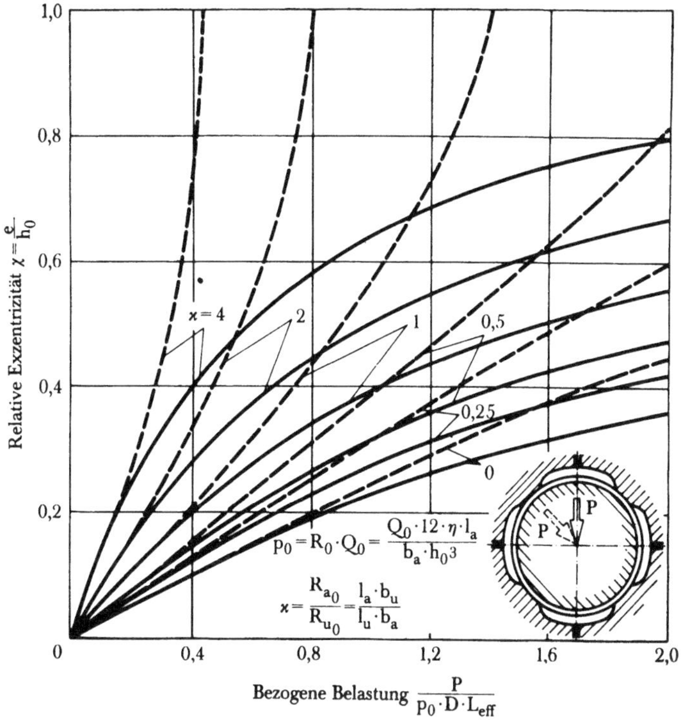

Abb. 51 Verlagerung beim Radiallager mit vier Taschen und einer Pumpe pro Tasche

Pumpen den Aufwand nicht unnötig zu erhöhen, nicht mehr als vier Taschen verwenden.

Bei einem Vergleich der Spaltänderungen von Lagern mit einzelnen Pumpen mit denen, die über Kapillaren mit Öl versorgt werden, muß beachtet werden, daß die Belastung einmal auf den Druck p_P und zum anderen auf den Druck p_0 bezogen wurde. Ein Vergleich auf der Basis gleicher Pumpenleistung ist deshalb nicht ohne weiteres möglich. Streng genommen kann ein Vergleich überhaupt nur im unverlagerten oder nur wenig ausgelenkten Zustand vorgenommen werden, da der Druck in den belasteten Taschen bei größeren Verlagerungen stärker ansteigt als er in den entlasteten abfällt; die gesamte Pumpenleistung für ein Lager $N_P = \Sigma (p \cdot Q)$ ist demnach für Lager mit einer Pumpe pro Tasche nicht konstant. Nimmt man unter den erwähnten Einschränkungen einen Vergleich vor, so müssen die Pumpenleistungen einander gleich sein.

$$Q_{T_0} \cdot p_P = Q_0 \cdot p_0.$$

Die eine Tasche durchfließende Ölmenge ist:

$$Q_{T_0} = \frac{p_{T_0}}{R_{T_0}} \quad \text{bzw.} \quad Q_0 = \frac{p_0}{R_{T_0}}.$$

Es war:

$$p_{T_0} = \frac{p_P}{2}.$$

Eingesetzt in die Gleichung für die Pumpenleistung folgt:

$$\frac{p_P^2}{2} = p_0^2$$

und

$$p_P = \sqrt{2} \cdot p_0.$$

Damit hat man eine beschränkte Vergleichsmöglichkeit der Diagramme nach Abb. 45 und 51. Unter dieser Voraussetzung ergibt sich, daß je nach Größe des Parameters $\varkappa$ die Lager mit Kapillaren 2–2,5mal nachgiebiger als die mit einzelnen Pumpen sind.

4.2 Experimentelle Untersuchungen der Steifigkeit und Tragfähigkeit von Spindellagerungen

Bisher wurde über die Berechnung und theoretische Untersuchung von Spindellagern berichtet.
Nun soll durch Messungen ermittelt werden, wie groß Verlagerungen, Steifigkeiten und Tragfähigkeiten praktisch ausgeführter Spindellagerungen sind.
Die Meßwerte sollen mit den theoretischen Werten verglichen werden, um einen Beweis für die Gültigkeit der durch Rechnung aufgestellten Diagramme für die Verlagerungen zu erhalten.

4.2.1 Ausführungsformen von Spindellagerungen

Für die radiale Lagerung der Spindel wurden Lager ohne Nuten zwischen den Taschen verwendet. Die Gründe für ihre Auswahl sind bereits geschildert worden.
Die Axiallager von Spindeln bestehen im allgemeinen aus kreisringförmigen Öltaschen, sogenannten Ringkammerlagern.
Für die Anordnung der Axiallager bestehen mehrere Möglichkeiten. Die einzelnen Kombinationen von Axial- und Radiallagern zu einer Spindellagerung führen zu unterschiedlichen Ausführungsformen, wie sie in Abb. 52 dargestellt sind.
Die Abb. 52a zeigt das Hauptlager einer hydrostatisch gelagerten Spindel in seiner einfachsten und häufigsten Form. Es ist leicht herzustellen und einfach zu montieren. Das Axiallager besteht aus zwei Ringkammerlagern an den Stirnseiten der Lagerbüchse. Ein Nachteil dieser Ausführung ist die Vergrößerung der Auskragung durch den Axiallagerbund auf der Welle. Schwerwiegender ist aber die Tatsache, daß bei dem relativ großen Abstand der beiden Axiallager durch

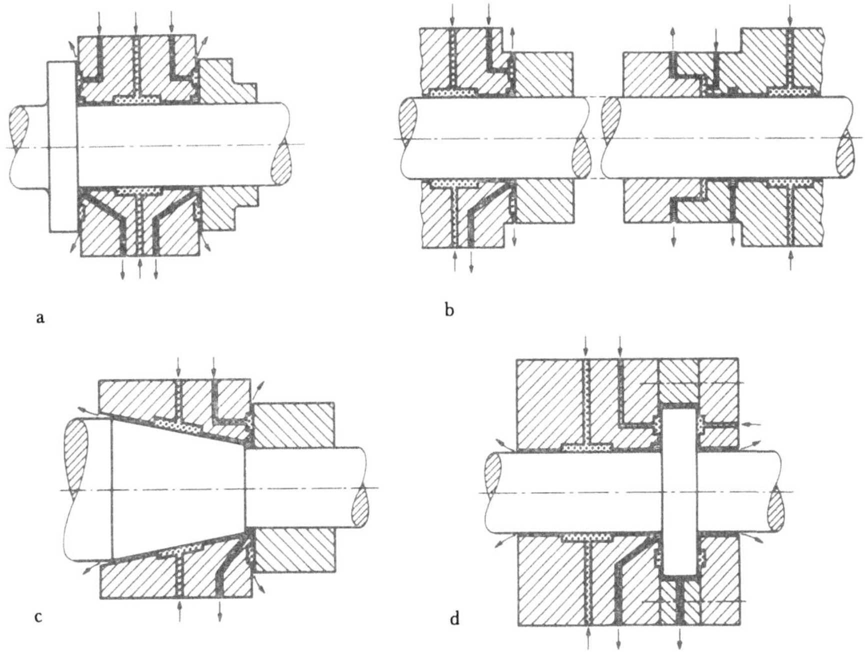

Abb. 52 Ausführungsformen von Spindellagerungen

Temperaturunterschiede zwischen Welle und Büchse, besonders wenn ihre Ausdehnungskoeffizienten unterschiedlich sind, u. U. beträchtliche Änderungen der Axiallagerspalte auftreten können.

Diesen Nachteilen wird durch die Konstruktion nach Abb. 52b begegnet. Hier liegen die Axiallager an den Innenseiten beider Radiallagerbüchsen. Nur eine Seite ist als Ringkammerlager ausgebildet. Die andere Seite besteht aus einem auf der Welle mitlaufenden Ringkolben, der axial mit der Welle beweglich ist und auf das Ringkammerlager eine konstante Vorspannkraft ausübt. Die Steifigkeit dieser Axiallagerung ist zwar nur etwa halb so groß wie bei Ausführung a, dafür ist das Axiallagerspiel unabhängig von Temperatur und Fertigungsgenauigkeit und die Auskraglänge der Spindel wird kleiner.

Bei der Ausführungsform nach Abb. 52c nimmt das konische Hauptlager radiale und axiale Kräfte in einer Richtung auf. Dadurch entfällt gegenüber Form a das Ringkammerlager an der Vorderseite der Büchse und die Auskragung wird kleiner. Die Empfindlichkeit dieser Ausführung gegenüber Temperaturdehnungen ist ebenfalls geringer. Die axiale Steifigkeit ist leider kleiner als bei a jedoch höher als bei b.

Bei Ausführung d wurden beide Ringkammerlager dicht zusammengelegt. Temperatureinflüsse werden dadurch bedeutungslos. Allerdings dürfte sich das Axiallager wegen des Bundes auf der Welle an den Innenseiten der vorderen oder hinteren Büchse in den meisten Fällen schlecht montieren lassen. Deshalb wird man

es z. B. bei Schleifspindeln zweckmäßig an die Außenseite der hinteren Lagerbüchse setzen.
Die genaue Einstellung des Axiallagerspiels bereitet, wie aus Abb. 52 zu ersehen ist, in keinem der Fälle größere Schwierigkeiten; dagegen ist die Ölspalthöhe (h_0) in den Radiallagern direkt von der Fertigungstoleranz abhängig. Nur bei Ausführung c läßt sich das konische Lager zugleich mit dem Axiallager nachstellen. Da die Ölspalthöhe mit der dritten Potenz in die Durchflußmenge eingeht, wirkt sie sich auf die Auslegung der Hydraulikanlage sehr stark aus. Die Einstellbarkeit der Ölspalthöhe bedeutet deshalb einen sehr großen Vorteil.
Von den Ausführungsformen nach Abb. 52 wurden die Typen a und c auf einem Spindelprüfstand untersucht.
Bevor auf die Untersuchungen näher eingegangen wird, soll dieser Prüfstand im einzelnen beschrieben werden.

4.2.2 Beschreibung des Spindelprüfstandes

Abb. 53 zeigt die Gesamtansicht des Prüfstandes. Auf dem Untergestell einer alten, sehr massiven Sondermaschine, die mit hydraulisch betätigtem Plan- und Längsschlitten ausgerüstet ist, wurde ein Zwischenstück mit geschabten Führungsbahnen befestigt. Darauf sind in T-Nuten mit Nutensteinen die Lagerböcke verschraubt. Die Lagerböcke können also auf den Führungsbahnen verschoben

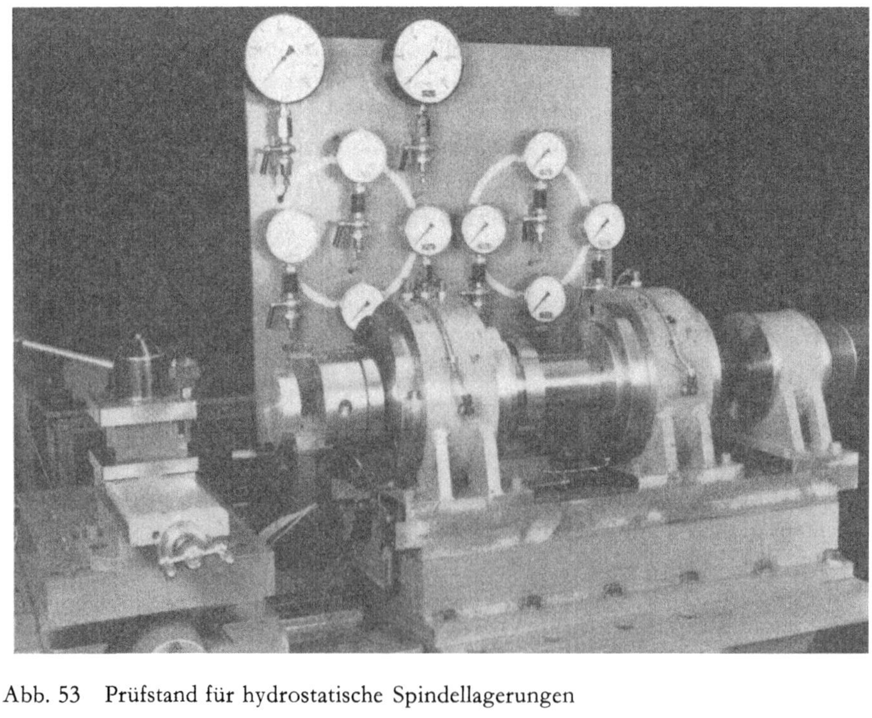

Abb. 53 Prüfstand für hydrostatische Spindellagerungen

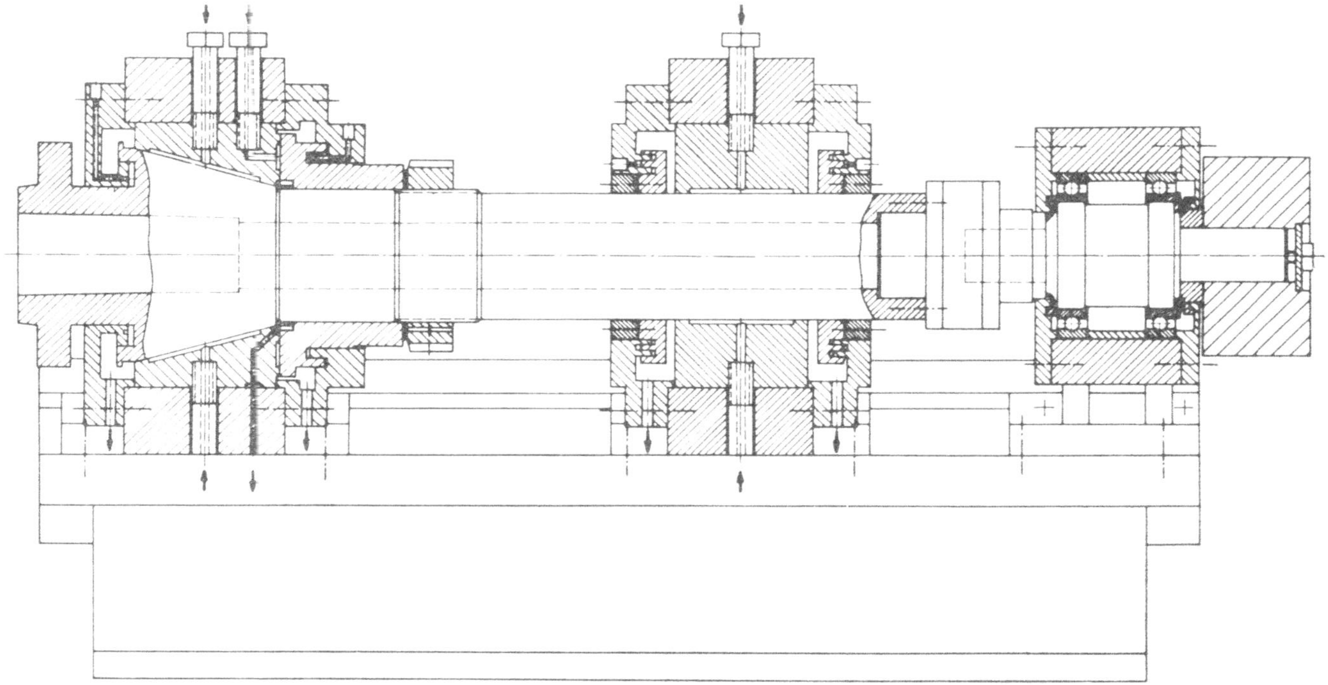

Abb. 54 Spindelprüfstand (Schnitt)

werden, so daß es möglich ist, den Lagerabstand zu verändern, wenn Spindeln verschiedener Größe geprüft werden sollen. Die Tafel hinter dem Prüfstand trägt die Manometer für den Pumpendruck und die verschiedenen Taschendrücke.

Abb. 54 ist der Längsschnitt durch eine der untersuchten Spindellagerungen. Das Hauptlager entspricht der Ausführung nach Abb. 52c. Die Lagerbüchsen (200 mm Außendurchmesser) sind auswechselbar, um den Einbau verschiedener Spindellagerungen ohne Wechseln der ganzen Böcke zu ermöglichen. Jedes Lager ist für sich durch Labyrinthe abgedichtet.

Der Antrieb der Spindel erfolgt über eine elastische Kupplung. Die Welle, auf der die Riemenscheibe sitzt, ist in einem dritten Bock gelagert. Die Untersuchungen der Spindeln werden also nicht durch Riemenkräfte gestört. Als Antriebsmotor dient ein Leonard-gesteuerter Gleichstrommotor mit einer Leistung von 12 kW bei einer maximalen Drehzahl von 2400 U/min.

In Abb. 55 ist der Hydraulikplan für den Prüfstand dargestellt. Die Pumpe fördert bei der Ausführung mit Kapillaren gegen einen konstanten Druck, der am Überdruckventil eingestellt wird. Bevor das Öl durch die Kapillaren in die Öltaschen fließt, wird es gefiltert. Ein Teil des zurückfließenden Öles läuft durch einen Kühler. Dadurch läßt sich die Temperatur beeinflussen, falls bei einem Versuch die Viskosität auf einem bestimmten Wert gehalten werden soll.

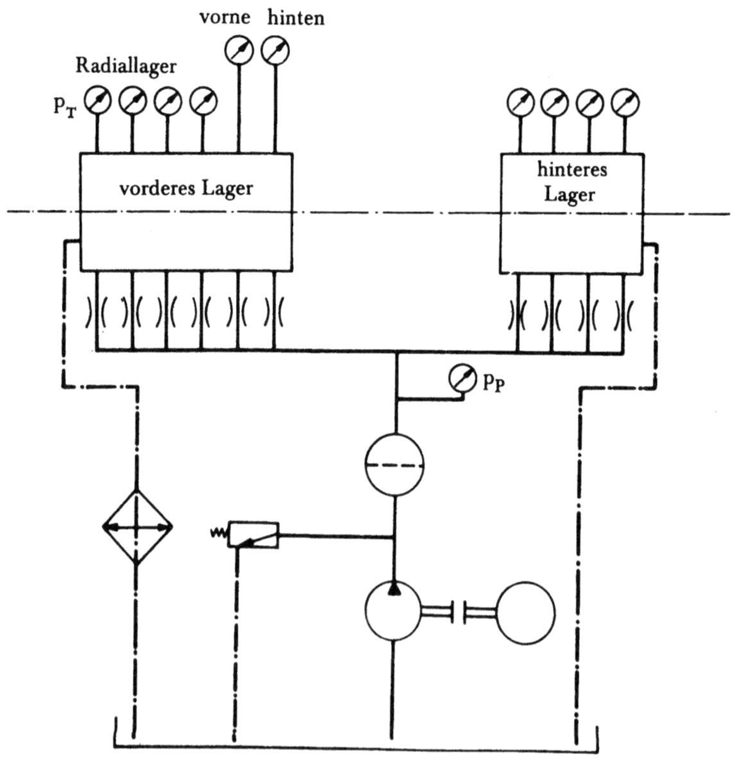

Abb. 55 Hydraulikplan

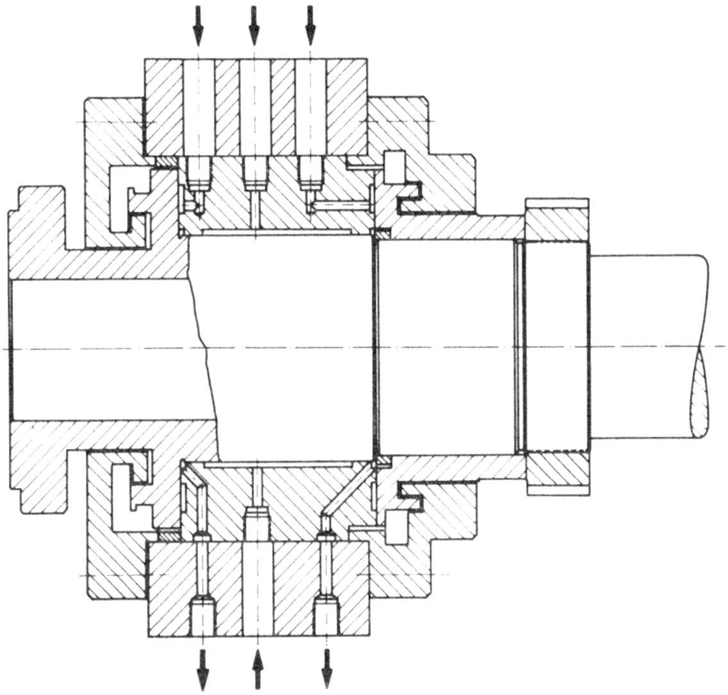

Abb. 56 Hauptlager und Axiallagerung

Abb. 57 Lagerbüchse

Die Taschendrücke können während der Versuche gemessen werden. Die hier gezeigte Anordnung der Manometer gilt für zwei Radiallager mit je vier Taschen und für eine aus zwei Ringkammern bestehende Axiallagerung (vgl. Abb. 52a).
Abb. 56 zeigt den Schnitt durch den vorderen Lagerbock bei dieser Spindelausführung. Das Axiallagerspiel kann über eine Wellenmutter eingestellt werden. Zwischen den Axial- und Radiallagertaschen besteht ein Ringraum mit freiem Abfluß nach außen, damit kein Druckausgleich zwischen Radial- und Axiallager erfolgt.
Zur besseren Anschaulichkeit zeigt Abb. 57 noch ein Foto der vorderen Lagerbüchse. Die kreisringförmige Axiallagertasche und die Radiallagertaschen sind deutlich zu erkennen.

4.2.3 Einfluß der Kraftangriffsstelle auf Spindelverformung und Tragfähigkeit

Bei der Berechnung der Radiallagersteifigkeit wurde immer eine achsparallele Verlagerung der Spindel vorausgesetzt.

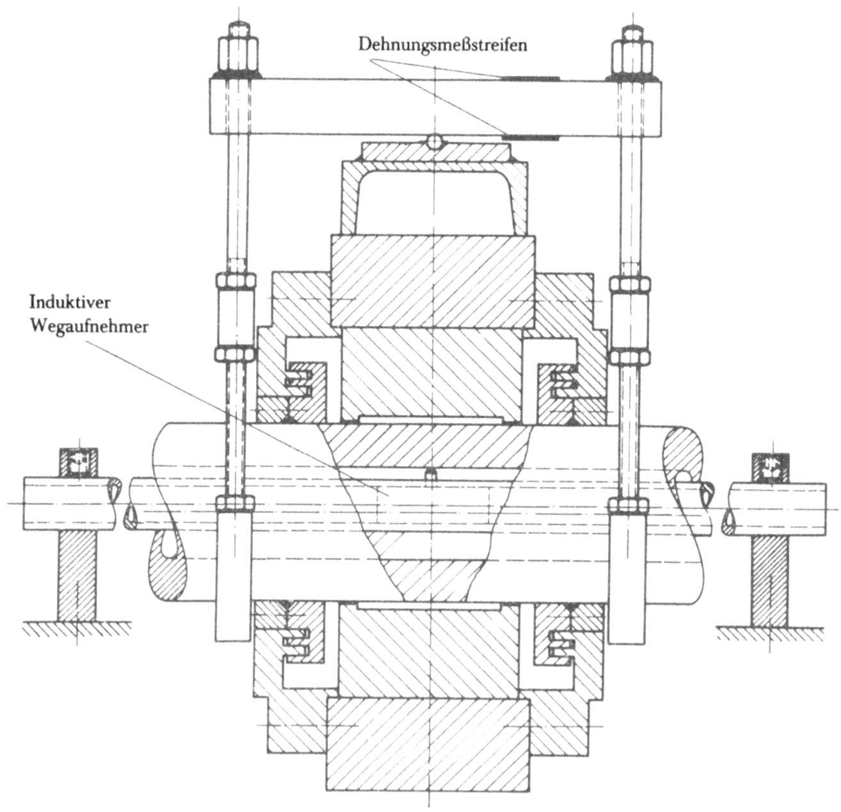

Abb. 58 Vorrichtung zur Belastung der Spindel

In praktischen Fällen wird sich die Spindel aber verbiegen, so daß es zu unterschiedlichen Verlagerungen der Spindel über der Lagerlänge kommt; d. h. die Ölspaltänderung an den einzelnen Stellen des Lagers ist unterschiedlich. Da aber für die Berechnungen Exzentrizität und Ölspaltänderung gleichgesetzt wurden, müßte auch bei den Messungen die Verlagerung der Ölspaltänderung über der gesamten Lagerlänge entsprechen.

Um diese Forderung bei den Messungen zu erfüllen und um deren Ergebnisse mit den berechneten Verlagerungen vergleichen zu können, wurde die in Abb. 58 dargestellte Vorrichtung benutzt. Zwischen einem Biegebalken, der sich in der Mitte auf dem Lagerbock abstützt, und der Spindel wird durch Zugstangen die Belastung aufgebracht. Sie wird über Dehnungsmeßstreifen, die auf den Biegebalken geklebt sind, gemessen. Die ganze Belastungsvorrichtung kann um die Spindel geschwenkt werden, so daß verschiedene Belastungsrichtungen (Taschenmitte, Stegmitte) möglich sind. Die Verlagerungen werden mit einem induktiven Wegaufnehmer gemessen, der in ein Rohr eingelassen ist, das in der Spindelbohrung verschoben werden kann, so daß die Verlagerung an jeder Stelle der Spindel meßbar ist.

Abb. 59 zeigt die auf diese Weise ermittelten Biegelinien der Spindel bei verschiedenen Belastungsfällen. Belastet man beide Lager gleichzeitig mit einer Vorrichtung, wie sie in Abb. 58 gezeigt wurde, ist die achsparallele Verlagerung

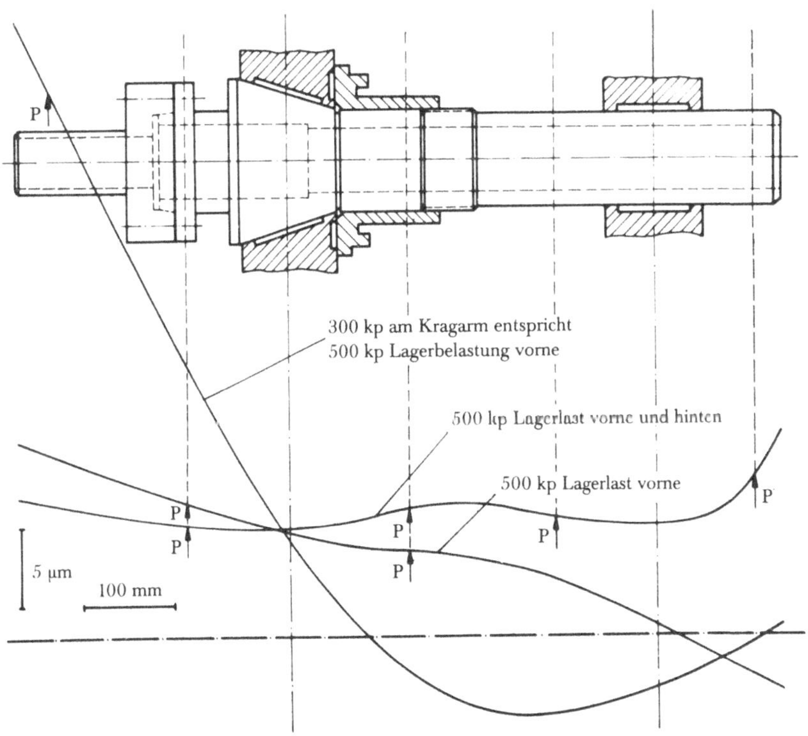

Abb. 59 Biegelinien bei unterschiedlicher Kraftangriffsstelle

ungefähr gegeben. Bei der beidseitigen Belastung von nur einem Lager ergibt sich schon eine größere Schiefstellung. Wird die Spindel, wie bei den meisten praktischen Fällen, durch eine an der Spindelnase angreifende Kraft durchgebogen, so ergeben sich über der Lagerlänge ganz unterschiedliche Verlagerungen.

Im Falle der stark durchgebogenen Spindel kommt es damit im Gegensatz zur achsparallelen Verlagerung schon bei kleineren Lagerbelastungen zu einer metallischen Berührung an den Kanten der Gleitflächen. Das bedeutet, die Tragfähigkeit hängt stark vom Belastungsfall ab. Bei einer nahezu achsparallelen Verlagerung tritt erst bei einer Auslenkung von $\chi = 0{,}8$–$0{,}9$ metallische Berührung ein. Bei dem in der Abbildung gezeigten Fall der auskragenden Belastung ist die zulässige Verlagerung und damit auch die Tragfähigkeit nur ungefähr halb so groß. Man muß also bei der Ermittlung der Tragfähigkeit von hydrostatischen Radiallagern berücksichtigen, daß die zulässige Verlagerung durch die Schiefstellung der Spindel über der Lagerlänge erheblich verkleinert wird. Die mittlere Verlagerung, das bedeutet auch die Steifigkeit, wird durch die Schiefstellung nur unbedeutend verändert, wie sich aus Abb. 59 ablesen läßt. Nach SCHLOTTERBECK [7] wird die theoretische Steifigkeit mit zunehmender Schiefstellung geringfügig kleiner.

4.2.4 Ergebnisse der Verlagerungsmessungen und ihr Vergleich mit theoretisch ermittelten Werten

In den folgenden Abbildungen sind nun die auf die beschriebene Weise ermittelten Verlagerungen dargestellt.
Es wurden Radiallager mit vier und fünf Taschen mit unterschiedlichen Widerstandsverhältnissen $\varkappa$ untersucht, außerdem zwei verschiedene Axiallagerausführungen.
Die gemessenen Verlagerungen wurden wieder auf die Spalthöhe h_0 und die Belastung auf das Produkt aus Pumpendruck, Lagerdurchmesser und effektiver Länge bezogen. Das ermöglicht einen Vergleich der Meßwerte mit den errechneten Diagrammen.
Um die Spalthöhe $h_0 = 1/2\,(D - d)$ genau festzustellen, müssen Spindel- und Lagerdurchmesser genau gemessen werden. Es stellte sich heraus, daß eine Ermittlung von h_0 auf diese Weise ziemlich ungenau ist, weil die Meßergebnisse wegen Konizität und Unrundheiten der Lagerbüchsen stark streuten. Deshalb wurde die Spalthöhe aus den Drücken und hydraulischen Widerständen wie folgt ermittelt.
Aus Abb. 40a ergibt sich, wenn in allen Öltaschen der gleiche Druck p_{T_0} herrscht und deshalb über den Umfangswiderstand R_u kein Öl fließt, analog zu einer Spannungsteilerschaltung

$$\frac{R_K}{R_{a_0}} = \frac{p_P - p_{T_0}}{p_{T_0}}$$

Die Drücke werden bei den Versuchen gemessen. Die Widerstände der Kapillaren sind bekannt, da sie vor dem Einbau mit geeichten hydraulischen Widerständen verglichen wurden.
Aus der Gleichung läßt sich also die Größe des Widerstandes R_{a_0} ermitteln. Andererseits ist, wie bereits angegeben,

$$R_{a_0} = \frac{12 \cdot \eta \cdot l_a}{b_a \cdot h_0^3}$$

Die Abströmlänge l_a und die Abströmbreite b_a sind Zeichnungsmaße (s. Abb. 42). Die Viskosität η ist bei jeder Öltemperatur bekannt. Die mittlere Spalthöhe kann also leicht festgestellt werden.
Die Abb. 60 zeigt die Verlagerung eines Radiallagers mit vier Taschen in beiden Belastungsrichtungen. Die Lagerabmessungen und das Widerstandsverhältnis $\varkappa$ sind in der Abbildung angegeben. Die Messungen wurden bei den Pumpendrücken 20 und 40 kp/cm² durchgeführt. Die Kurve für $\varkappa = 0{,}5$ aus Abb. 45 wurde zum Vergleich mit eingezeichnet. Die gestrichelte Gerade entspricht der Näherungslösung.
Durch Unrundheiten der Lagerbüchse und durch Temperaturdehnungen können Fehler bei der Ermittlung der Ölspalthöhe auftreten (Warmspiel–Kaltspiel). Ferner ergeben sich leicht Meßfehler bei der Bestimmung der genauen Öltemperatur und Viskosität. Außerdem wurden bei der Berechnung der Verlagerungen Vereinfachungen gemacht. Trotzdem ist eine gute Übereinstimmung zwischen gemessenen und errechneten Werten festzustellen. Bei größeren Verlagerungen nehmen die Abweichungen zu, weil sich die Ungenauigkeiten der Lagerbüchse und die Verbiegung der Welle (s. Abb. 59) stärker bemerkbar machen. Die Messung von Verlagerungen oberhalb $\chi = 0{,}8$ ist nicht mehr sinnvoll, weil metallische Berührung zwischen Spindel und Lagerbüchse eintritt.
Der Einfluß der Belastungsrichtung auf der Größe der Verlagerung ist gering. Die Gleichung der Näherungsgeraden lautete im allgemeinen Fall

$$\chi = \frac{e}{h_0} = \frac{1}{0{,}24} \cdot \sqrt[3]{\frac{\varkappa}{z^2}} \cdot \frac{P}{p_P \cdot D \cdot L_{\mathrm{eff}}}.$$

Die Gerade hat also in diesem Fall die Steigung

$$\frac{1}{0{,}24} \cdot \sqrt[3]{\frac{0{,}5}{4^2}} = 1{,}31.$$

Damit heißt die Gleichung hier

$$\frac{e}{h_0} = 1{,}31 \cdot \frac{P}{p_P \cdot D \cdot L_{\mathrm{eff}}}.$$

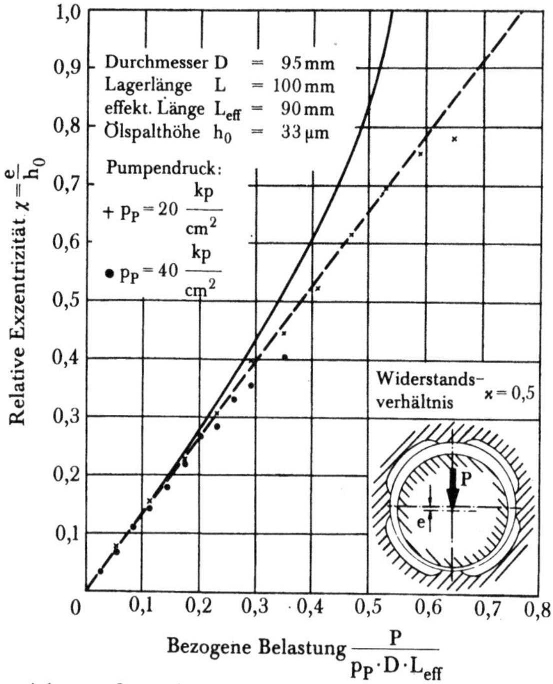

a) Lastrichtung Stegmitte

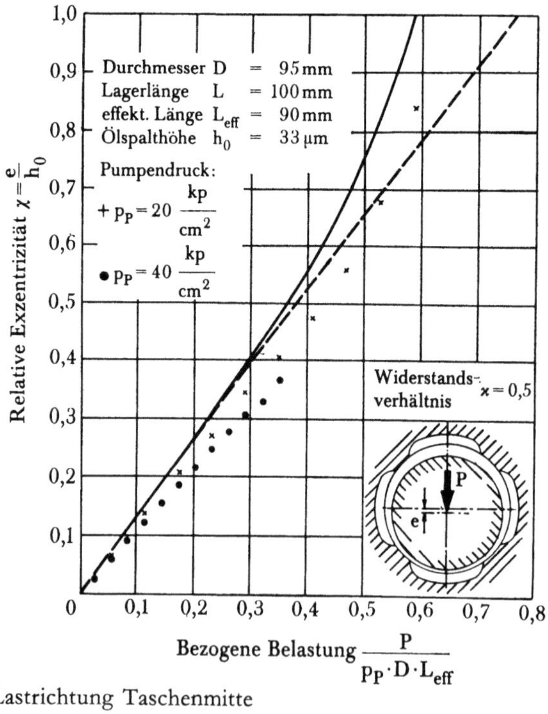

b) Lastrichtung Taschenmitte

Abb. 60 Gemessene und errechnete Verlagerung bei einem Lager mit vier Taschen und Kapillaren

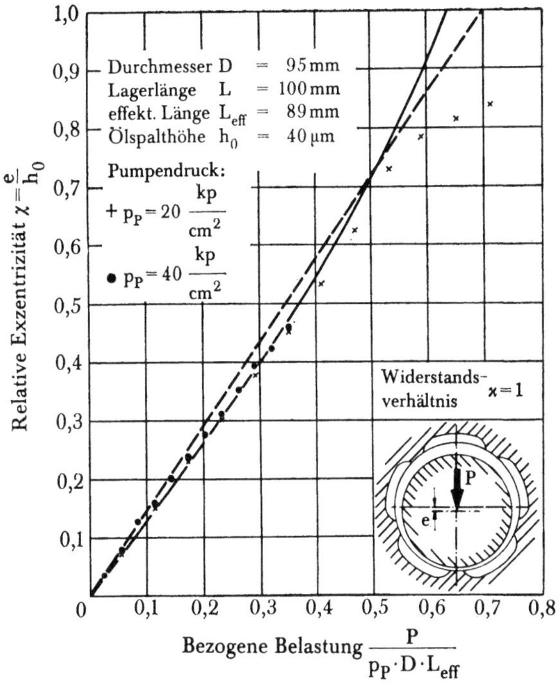

a) Lastrichtung Stegmitte

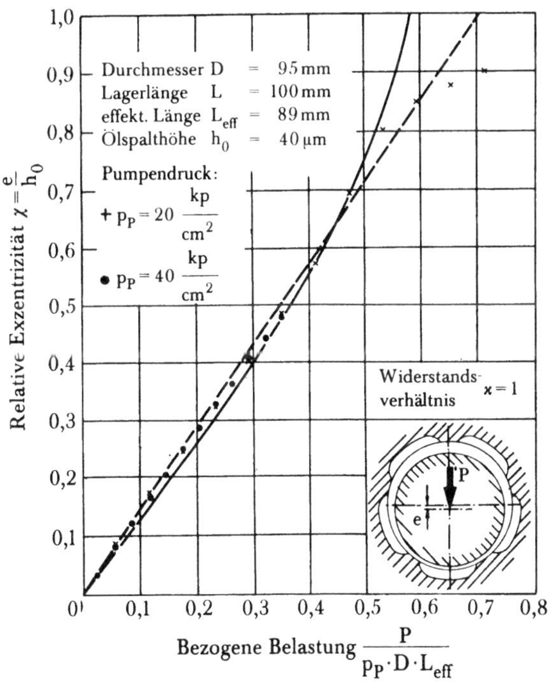

b) Lastrichtung Taschenmitte

Abb. 61 Gemessene und errechnete Verlagerung bei einem Lager mit fünf Taschen und Kapillaren

Ermittelt man nach der Näherungslösung die Steifigkeit, so ergibt sich

$$c = \frac{P}{e} = \frac{p_P \cdot D \cdot L_{\text{eff}}}{1{,}31 \cdot h_0}.$$

Für das Lager mit den Abmessungen nach Abb. 60 folgt also bei

$$p_P = 20\,\frac{\text{kp}}{\text{cm}^2} \qquad c = 40\,\frac{\text{kp}}{\mu\text{m}}$$

und bei

$$p_P = 40\,\frac{\text{kp}}{\text{cm}^2} \qquad c = 80\,\frac{\text{kp}}{\mu\text{m}}.$$

Die Abb. 61 zeigt die gleichen Auftragungen wie Abb. 60 für ein Lager mit gleichem Durchmesser und gleicher Länge, jedoch mit fünf Taschen. Die Ölspalthöhe ist 40 μm und der Parameter $\varkappa = 1$. Die Übereinstimmung zwischen den Meßwerten, der Kurve aus Abb. 46 für $\varkappa = 1$ und der Näherungsgeraden ist hier noch besser. Am geringen Zunehmen der Verlagerungswerte ab $\chi = 0{,}8$ erkennt man deutlich, daß die Tragfähigkeit des Lagers überschritten ist, bzw. daß metallische Berührung eintritt.

Die Steifigkeit nach der Näherungslösung ist hier für

$$p_P = 20\,\frac{\text{kp}}{\text{cm}^2} \qquad c = 30\,\frac{\text{kp}}{\mu\text{m}}$$

und für

$$p_P = 40\,\frac{\text{kp}}{\text{cm}^2} \qquad c = 60\,\frac{\text{kp}}{\mu\text{m}}.$$

Die gegenüber Abb. 60 geringere Steifigkeit beruht hauptsächlich auf dem größeren Ölspalt.

In Abb. 62 sind die Verlagerungen für ein konisches Hauptlager (vgl. Abb. 64), das radial belastet wird, wiedergegeben. Es soll gezeigt werden, daß bei Beachten einiger Besonderheiten das konische Lager wie ein zylindrisches behandelt werden kann.

Größter und kleinster Durchmesser des Lagers sind 162 und 108 mm. Demnach wird für die Berechnung der mittlere Durchmesser mit $D_m = 135$ mm eingesetzt. Die Länge (L, L_{eff}) wird in Achsrichtung gemessen. Die Spalthöhe des Lagers ist $h_0 = 52$ μm. Da aber die Verlagerung in radialer Richtung erfolgt und nicht senkrecht zu den Spaltflächen, muß hier statt h_0 der radiale Abstand zwischen den Spaltflächen stehen

$$h^* = \frac{h_0}{\cos 15^\circ} = 54\,\mu\text{m}.$$

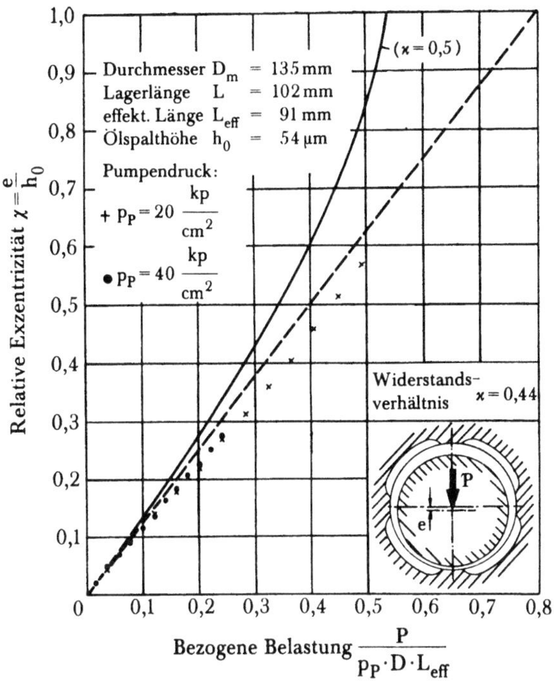

a) Lastrichtung Stegmitte

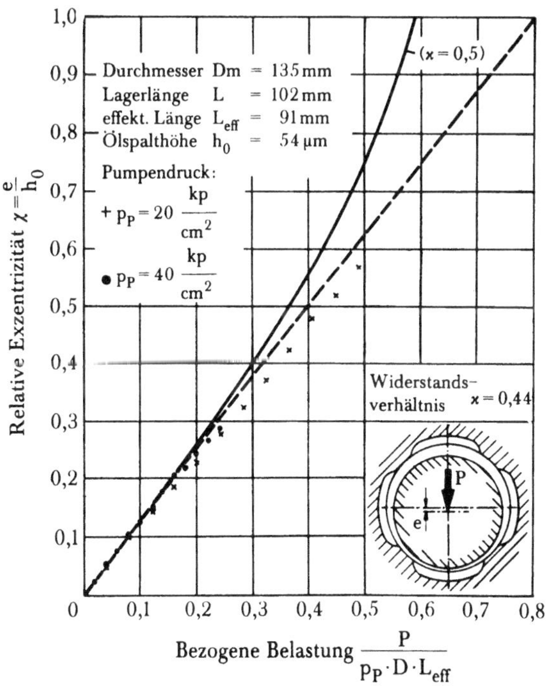

b) Lastrichtung Taschenmitte

Abb. 62 Gemessene und errechnete Verlagerung bei einem konischen Lager mit vier Taschen und Kapillaren

Das Widerstandsverhältnis ist hier $\varkappa = 0{,}44$; zum Vergleich wurde die Kurve für $\varkappa = 0{,}5$ aus Abb. 45 mit eingezeichnet. Die Näherungsgerade ist für $\varkappa = 0{,}44$ berechnet. Die Steifigkeit ist wegen des großen Lagerspiels relativ klein.

$$p_P = 20\ \frac{\text{kp}}{\text{cm}^2} \qquad c = 36\ \frac{\text{kp}}{\mu\text{m}}$$

$$p_P = 40\ \frac{\text{kp}}{\text{cm}^2} \qquad c = 72\ \frac{\text{kp}}{\mu\text{m}}.$$

Die Verlagerungsberechnungen wurden außer für Lager mit Kapillaren auch für die Ausführung mit einer Pumpe pro Tasche durchgeführt. Es wurde deshalb auch ein Lager mit dem Ölversorgungssystem Q = konst. untersucht. Jede der vier Taschen des Lagers (s. Abb. 56 und 57) wurden dazu an je einen Ausgang einer Mehrfachzahnradpumpe mit 0,5 l/min Fördermenge pro Strang angeschlossen. Die Abmessungen des Lagers sind in Abb. 63 wiedergegeben. Der Druck im unbelasteten Zustand betrug $p_0 = 14$ kp/cm². Außer den Meßpunkten sind die Kurven für das Widerstandsverhältnis $\varkappa = 0{,}5$ aus Abb. 51 eingezeichnet.

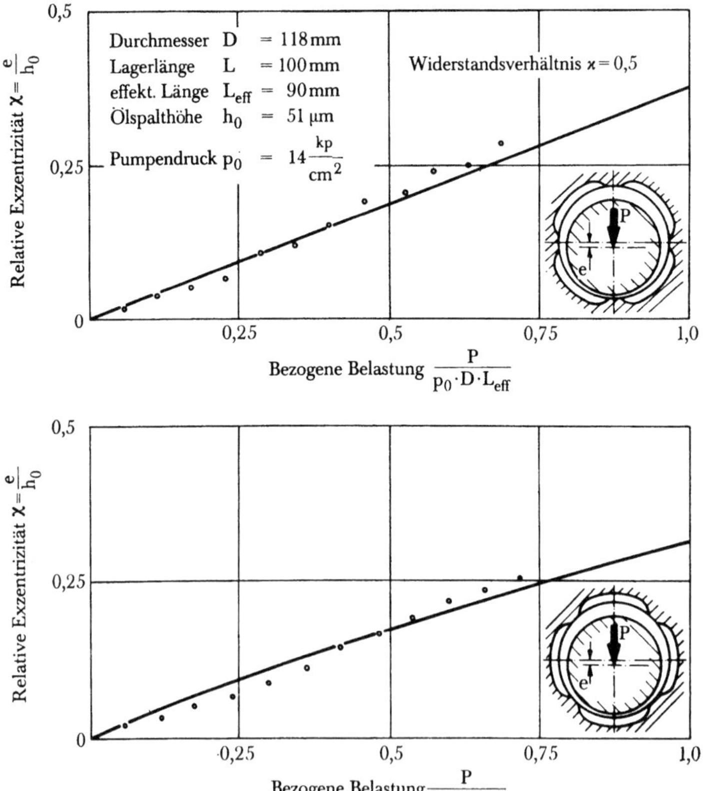

Abb. 63 Gemessene und errechnete Verlagerung bei einem Lager mit vier Taschen und einer Pumpe pro Tasche

Die gemessene Verlagerung wird bei zunehmender Belastung etwas größer als die errechnete. Das liegt wahrscheinlich daran, daß die Fördermenge der Pumpen nicht, wie bei der Rechnung vorausgesetzt, konstant ist, sondern mit zunehmender Belastung etwas abfällt. Trotzdem ist die Übereinstimmung zwischen den theoretischen und gemessenen Werten gut. In Richtung auf Stegmitte ist das Lager etwas nachgiebiger als bei Belastung in Richtung Taschenmitte.
Durch die Meßpunkte läßt sich mit guter Näherung eine Gerade mit der Steigung 0,375 legen. Es gilt also

$$\frac{e}{h_0} = 0{,}375 \cdot \frac{P}{p_0 \cdot D \cdot L_{\text{eff}}}.$$

Daraus ergibt sich eine Steifigkeit von

$$c = 78 \, \frac{\text{kp}}{\mu\text{m}}.$$

Berücksichtigt man, daß der Druck nur 14 kp/cm² beträgt und die Spalthöhe mit 51 μm ziemlich groß ist, so wird deutlich, daß die Steifigkeit bei Lagern mit einer Pumpe pro Tasche verhältnismäßig hoch ist.
Außer der radialen wurde auch die axiale Lagerung der Spindeln untersucht. Abb. 64 zeigt die Verlagerungen einer Axiallagerung, die aus einem Ringkammerlager und einem konischen Lager besteht, dessen radiale Verlagerungen schon in

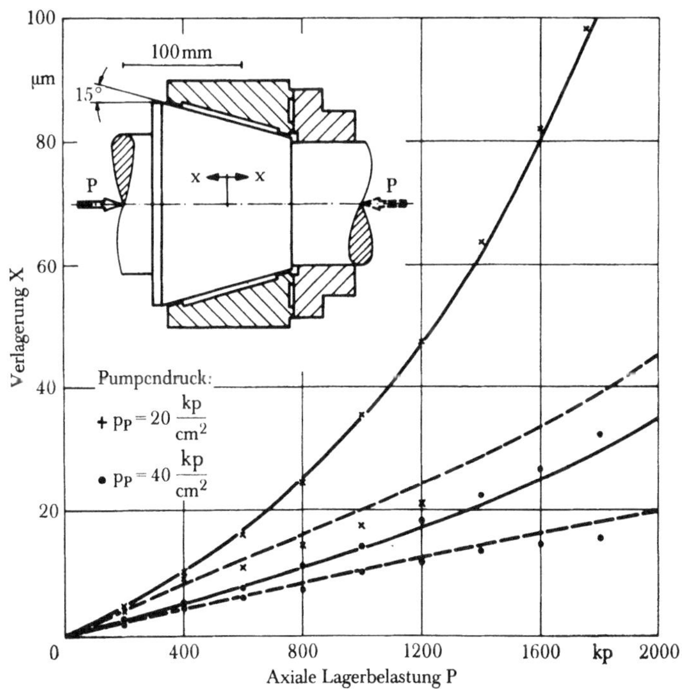

Abb. 64 Gemessene und errechnete Verlagerungen beim Axiallager mit Kapillaren

Abb. 62 gezeigt wurden. Die Messung der Auslenkung erfolgte wieder bei den Pumpendrücken 20 und 40 kp/cm².

Die unterbrochenen Kurven gelten, wie der gestrichelte Pfeil andeutet, für die Belastung des Ringkammerlagers, die durchgezogenen Kurven geben die Verlagerung bei axialer Belastung des konischen Lagers wieder.

Bei der theoretischen Ermittlung der Verlagerungen wurde die allgemeine Berechnung der Verlagerungen von Axiallagern nicht behandelt, weil sie bereits an anderer Stelle berechnet wurden [4, 7]. Die dort angegebenen Formeln und Diagramme gelten jedoch nur für symmetrische Lager (s. Abb. 65), deshalb muß hier noch kurz auf die theoretischen Kurven für den speziellen Fall nach Abb. 64 eingegangen werden.

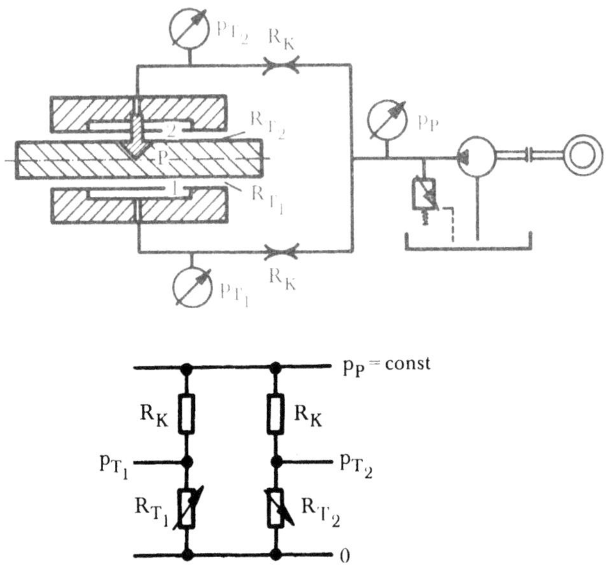

Abb. 65 Ebenes Lager mit Vordrosseln und analoger Schaltplan

Nach Abb. 65, das schematisch ein Axiallager mit dem zugehörigen Schaltplan zeigt, gilt analog zu einer Spannungsteilerschaltung:

$$\frac{p_{T_1}}{p_P} = \frac{R_{T_1}}{R_K + R_{T_1}} = \frac{1}{1 + \dfrac{R_K}{R_{T_1}}}.$$

Das Verhältnis der Widerstände war

$$\xi = \frac{R_K}{R_{T_0}}$$

demnach gilt:

$$R_K = \xi \cdot R_{T_0} = \xi \cdot \frac{12 \cdot \eta \cdot l}{b \cdot h_0^3}.$$

Für den verlagerten Zustand ist

$$R_{T_1} = \frac{12 \cdot \eta \cdot l}{b \cdot (h_0 - \Delta h)^3},$$

dabei ist R_{T_1} der Widerstand der belasteten Tasche 1, deren Spalthöhe um den Betrag Δh geringer wird.

R_K und R_{T_1} in die erste Gleichung eingesetzt ergibt:

$$\frac{p_{T_1}}{p_P} = \frac{1}{1 + \xi_1 \cdot \left(1 - \frac{\Delta h}{h_0}\right)^3}.$$

Entsprechend gilt:

$$\frac{p_{T_2}}{p_P} = \frac{1}{1 + \xi_2 \cdot \left(1 + \frac{\Delta h}{h_0}\right)^3}.$$

Die Belastung des Lagers ergibt sich aus den Taschendrücken und den effektiven Flächen der beiden Lagerseiten zu:

$$P = p_P \cdot \left(\frac{F_{\text{eff}_1}}{1 + \xi_1 \cdot \left(1 - \frac{\Delta h}{h_0}\right)^3} - \frac{F_{\text{eff}_2}}{1 + \xi_2 \cdot \left(1 + \frac{\Delta h}{h_0}\right)^3} \right).$$

Für symmetrische Lager sind die Werte für F_{eff}, ξ und h_0 für beide Seiten gleich. Beim Lager nach Abb. 64 wurden die Kapillaren so gewählt, daß sich sowohl für das konische wie für das Ringkammerlager eine Spalthöhe h_0 von 52 µm ergab. Das Drosselverhältnis für das konische Lager ist $\xi = 1$, das bedeutet nach der ersten in dieser Berechnung angegebenen Gleichung, der Taschendruck ist halb so groß wie der Pumpendruck.

Die effektive Fläche des konischen Lagers ist in axialer Richtung $F_{\text{eff}} = 104\ \text{cm}^2$, die des Ringkammerlagers ist $130\ \text{cm}^2$. Daraus folgt, daß der Druck im Ringkammerlager um den Faktor $104/130 = 0{,}8$ kleiner sein muß. Das Drosselverhältnis ergibt sich damit zu $\xi = 1{,}5$. Ferner ist bei der Berechnung zu berücksichtigen, daß die axiale Verlagerung x nur eine Spaltveränderung $\Delta h^* = x \cdot \sin 15°$ im konischen Lager hervorruft. Mit diesen Werten ergibt sich die Beziehung zwischen Belastung P [kp] und Verlagerung x [µm] bei Belastung des konischen Lagers zu:

$$P = p_P \cdot \left(\frac{104}{1 + \left(1 - \frac{x \cdot \sin 15°}{52}\right)^3} - \frac{130}{1 + 1{,}5 \cdot \left(1 + \frac{x}{52}\right)^3} \right)$$

und bei Belastung des Ringkammerlagers zu:

$$P = p_P \cdot \left(\frac{130}{1 + 1{,}5 \cdot \left(1 - \frac{x}{52}\right)^3} - \frac{104}{1 + \left(1 + \frac{x \cdot \sin 15^\circ}{52}\right)^3} \right).$$

Dies sind die Gleichungen der in Abb. 64 eingezeichneten Verlagerungskurven. Die Lagersteifigkeit ist korrekt:

$$c = \frac{dP}{dx}.$$

Da die Verlagerung nicht linear mit der Kraft wächst, ist die Steifigkeit für jede Belastung unterschiedlich. Der Einfachheit halber soll aber das erste Stück der Kurven durch eine Gerade angenähert werden, so daß dann gilt:

$$c = \frac{P}{x}.$$

Unter dieser Voraussetzung ist die axiale Steifigkeit bei einem Pumpendruck von 40 kp/cm² und bei Belastung des konischen Lagers

$$c = 75 \text{ kp}/\mu\text{m}.$$

Mit wachsender Belastung wird die Steifigkeit kleiner.
Bei Belastung des Ringkammerlagers ist

$$c = 100 \text{ kp}/\mu\text{m}.$$

Bei $p_P = 20$ statt 40 kp/cm² sind die Steifigkeiten nur halb so groß.

Der Vollständigkeit halber wurden noch die Verlagerungen bei der allgemein üblichen Axiallagerausführung gemessen. Das Lager besteht, wie das Symbol in Abb. 66 zeigt, aus zwei gleichen Ringkammerlagern. Die Ölspalthöhe beträgt $h_0 = 47\ \mu$m. Der mittlere Durchmesser des Lagers ist 155 mm, die effektive Fläche 110 cm². Das Drosselverhältnis war beim Versuch $\xi = 1{,}74$. Die theoretische Gleichung für die Verlagerung x, die hier gleich der Spaltänderung Δh ist, lautet

$$P = p_P \cdot F_{\text{eff}} \cdot \left(\frac{1}{1 + \xi \left(1 - \frac{\Delta h}{h_0}\right)^3} - \frac{1}{1 + \xi \left(1 + \frac{\Delta h}{h_0}\right)^3} \right).$$

Der dieser Gleichung entsprechende Verlauf der Verlagerungskurve ist in Abb. 66 für die Pumpendrücke 20 und 40 kp/cm² eingezeichnet. Die in beiden Belastungsrichtungen (Zug-Druck) gemessenen Verlagerungen liegen über den theoretischen

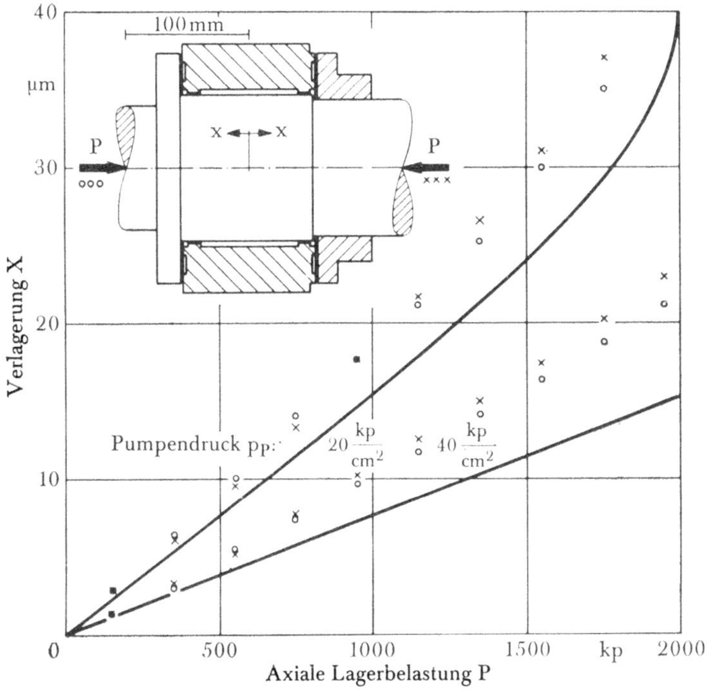

Abb. 66 Gemessene und errechnete Verlagerungen beim symmetrischen Axiallager

Werten. Das rührt sehr wahrscheinlich daher, daß die Lagerbüchse ziemlich lose in den Bock eingepaßt war, so daß Lagerdeckel und Deckelschrauben (vgl. Abb. 56) voll belastet wurden und einige μm nachgaben. Diese Annahme wird dadurch erhärtet, daß die Differenz zwischen gemessenen und errechneten Verlagerungen bei verschiedenen Pumpendrücken die gleiche bleibt. Sie ist also von der Nachgiebigkeit anderer im Kraftfluß liegender elastischer Elemente und nicht von der Ölfilmsteifigkeit abhängig, denn diese ändert sich proportional mit dem Pumpendruck. Die theoretische Steifigkeit bei 40 kp/cm² beträgt 130 kp/μm, die gemessene etwa 100.

Die Meßergebnisse haben in jedem der geprüften Fälle die Richtigkeit der theoretisch ermittelten Werte für Verlagerungen und Steifigkeiten von hydrostatischen Lagern bestätigt. Da Lager unterschiedlicher Form und Flächenaufteilung ($\varkappa$) untersucht wurden, kann daraus geschlossen werden, daß die Berechnungen, die immer nach dem gleichen Prinzip durchgeführt wurden, in der Methode wie im Ergebnis generell richtig sind.

5. Zusammenfassung

Sowohl das statische als auch dynamische Verhalten eines Systems Spindel-Lagerung kann von der Steifigkeit der Lager wesentlich beeinflußt werden. Wie die durchgeführten theoretischen Untersuchungen zeigten, ist es zur Erzielung eines günstigen Systemverhaltens erforderlich, bereits bei der konstruktiven Gestaltung der Spindel und Lagerung, die Steifigkeiten der verwendeten Lager zu berücksichtigen.
Zur Lagerung von Hauptspindeln wurden in den meisten Fällen zweireihige Zylinderrollenlager verwendet. Die Steifigkeit dieser Lager wird, außer von der Belastung, von den drei Einflußgrößen

Radialspiel

Fertigungsgenauigkeiten der Lager selbst und der Umbauteile

Abmessungen der Umbauteile

maßgeblich bestimmt. Eine genaue Berechnung der Steifigkeit dieser Lager war bisher nicht möglich. Auf der Grundlage zahlreicher Federungsmessungen an zweireihigen Zylinderrollenlagern verschiedener Größe konnten Nomogramme aufgestellt werden, die es nunmehr gestatten, die Steifigkeit dieser Lager mit ausreichender Genauigkeit zu ermitteln.
Infolge der stärkeren Erwärmung des Innenringes gegenüber dem Außenring findet, wie aus den dargestellten experimentellen Untersuchungen hervorgeht, in den meisten Fällen eine Spielverringerung statt. Das bedeutet, daß dann zur Erzielung hoher Lagersteifigkeiten im Betrieb eine Vorspannung der Lager bei der Montage nicht notwendig ist. Allerdings ist ein positives Radialspiel der Lager im Interesse einer hohen Führungsgenauigkeit der Spindel bei niedrigen Drehzahlen und damit geringen Lagererwärmungen nicht sinnvoll.
Für verschiedene Betriebsbedingungen, beispielsweise sehr hohe Spindeldrehzahlen, ist es zweckmäßig, die Lagerung der Spindel mit hydrostatischen Lagern vorzunehmen. Bei der Verwendung von hydrostatischen Lagern bieten sich verschiedene Ölversorgungssysteme und Bauformen an, die zwangsläufig zu unterschiedlichen Lagersteifigkeiten führen. Aus den Kombinationsmöglichkeiten der Ölversorgungssysteme mit den Lagerbauformen ergaben sich

1. das Lager ohne Nuten zwischen den Taschen mit einer Pumpe und den Taschen vorgeschalteten Kapillaren und
2. das Lager ohne Nuten zwischen den Taschen mit einer Pumpe pro Tasche

als die einfachsten und in der Praxis gebräuchlichsten Ausführungsformen.

Für die Berechnung der Verlagerungen konnte eine Methode entwickelt werden, in der die Ölkreisläufe durch analoge elektrische Schaltungen ersetzt wurden.

Die Ergebnisse der Berechnungen wurden für Lager mit den Taschen vorgeschalteten Kapillaren mit drei bis sieben Taschen in Diagrammform dargestellt. Es zeigte sich, daß vier Taschen für hydrostatische Radiallager in den meisten Anwendungsfällen eine ausreichende Steifigkeit ergeben.
Eine zur Bestimmung der Lagersteifigkeit entwickelte Näherungslösung ermöglicht dem Konstrukteur die relativ einfache Berechnung von hydrostatischen Radiallagern mit genügender Genauigkeit.
Eine Berechnung der Verlagerungen für Lager mit einer Pumpe pro Tasche wurde am Lager mit vier Taschen vorgenommen. Unter der Voraussetzung gleicher Pumpenleistung ergibt sich bei kleinen Verlagerungen gegenüber Kapillaren eine 2- bis 2,5fach geringere Nachgiebigkeit.
Auf einem Spindelprüfstand wurde die Steifigkeit verschiedener hydrostatischer Radial- und Axiallager auch experimentell ermittelt. Dabei zeigte sich zwischen den berechneten und gemessenen Werten eine gute Übereinstimmung.

Literaturverzeichnis

zu Wälzlager:

[1] BOCHMANN, H., Die Abplattung von Stahlkugeln und -zylindern durch den Meßdruck. Dissertation, TH Dresden (1927).

[2] BOLEY, B. A., und J. M. WEINER, Theory of Thermal Stresses. John Wiley and Sons, Inc., New York, London 1960.

[3] ESCHMANN, HASBARGEN und WEIGAND, Die Wälzlagerpraxis. München, Verlag Oldenbourg 1953.

[4] GÜNTHER, D., Untersuchungen an Wälzlagern. Industrie-Anzeiger 85 (1963), Nr. 28, S. 507–512.

[5] KORRENN, H., W. KIRCHNER und G. BRAUNE, Die elastische Verformung einer ebenen Stahloberfläche unter belasteten Zylinderrollen. Werkstattstechnik (1963).

[6] LUNDBERG, G., und A. PALMGREN, Dynamische Tragfähigkeit von Rollenlagern. SKF Kugellagerfabriken GmbH, Schweinfurt.

[7] LUNDBERG, G., Cylinder Compressed Between Two Plane Bodies. SKF Kugellagerfabriken Göteborg.

[8] MELDAU, E., Einfluß der Lagerluft auf die Druckverteilung, die statische Tragfähigkeit und die Lebensdauer radial belasteter Wälzlager. Konstruktion 4 (1952).

[9] PALMGREN, A., Grundlagen der Wälzlagertechnik. Stuttgart, Francksche Verlagsbuchhandlung, 1954.

[10] PIEKENBRINK, R., Betrachtungen über das statische und dynamische Verhalten von Werkzeugmaschinen. Industrie-Anzeiger 79 (1957), Nr. 80, S. 1203–1207.

[11] RUMBARGER, J. H., Flow Clearence Affects Life of Rolling Bearings. Machine Design (1961).

[12] SCHREIBER, H. H., Die Steifigkeit des vorgespannten Zylinderrollenlagers. Industrie-Anzeiger 84 (1962), Nr. 63, S. 1571–1574.

[13] STRIBECK, R., Kugellager für beliebige Belastungen. VDI-Zeitschrift (1901).

zu hydrostatische Lager:

[1] FULLER, D. D., Theorie und Praxis der Schmierung. Berliner Union, Stuttgart 1960.

[2] LEYER, A., Theorie des Gleitlagers bei Vollschmierung. Technische Rundschau, Heft 46, Verlag Hallwag, Bern.

[3] OPITZ, H., Aufbau und konstruktive Auslegung hydrostatischer Lager. Bericht VDW-Arbeitstagung, 4./5. Februar 1965.

[4] OPITZ, H., Untersuchungen an Werkzeugmaschinenspindeln, Wälzlagern und hydrostatischen Lagerungen. Forschungsbericht des Landes Nordrhein-Westfalen, Nr. 1331, Westdeutscher Verlag, Köln und Opladen 1964.

[5] PEEKEN, H., Hydrostatische Querlager. Konstruktion 16 (1964), Heft 7.

[6] ROHS, H. G., Die Optimierung hydrostatischer Lager. Industrie-Anzeiger, Nr. 46, 2. 6. 1962.

[7] SCHLOTTERBECK, H., Untersuchungen hydrostatischer Lager unter besonderer Berücksichtigung ihrer Anwendungsmöglichkeiten im Werkzeugmaschinenbau. Dissertation, TH Aachen 1964.

[8] VOGELPOHL, G., Betriebssichere Gleitlager. Springer Verlag, Berlin-Göttingen-Heidelberg 1958.

[9] BPA 6188/62 (1962), Membrandrossel für hydrostatische Lager (Provisional Specification).

GPSR Compliance

The European Union's (EU) General Product Safety Regulation (GPSR) is a set of rules that requires consumer products to be safe and our obligations to ensure this.

If you have any concerns about our products, you can contact us on ProductSafety@springernature.com

In case Publisher is established outside the EU, the EU authorized representative is:

Springer Nature Customer Service Center GmbH
Europaplatz 3
69115 Heidelberg, Germany

Batch number: 10584556

Printed by Printforce, the Netherlands